Dieter Hombach
Vom Quark zum Urknall

Dieter Hombach

Vom Quark zum Urknall

Die Selbstorganisation
der modernen Wissenschaft

BOER

Unveränderter Neudruck der Ausgabe © 1994
Gesamtherstellung: Boer Verlagsservice, Grafrath
ISBN 978-3-924963-56-9
www.boerverlag.de

Inhalt

Einleitung 7

Teil I – Quantenmechanik

Selbstorganisation
1. Die theoretische Vorgabe: Wellenfunktion 13
2. Die praktische Ausführung: Quantenzerstörmessung . . 28

Selbstverstärkung
1. Mehrfachwelten 38
2. Die Kopenhagener Deutung 44

Selbstisolation
1. Der Atomkern 61
2. Die Farbkraft 70
3. New Age 80

Das Einstein-Podolsky-Rosen-Theorem
1. Albert Einstein 92
2. David Bohm 99
3. Stuart Bell 104

Teil II – Relativitätstheorie

Selbstorganisation
Spezielle Relativitätstheorie 118
1. Die absolute Lichtgeschwindigkeit 118
2. Die Relativität des Raumes und der Zeit 130

Selbstverstärkung
Die allgemeine Relativitätstheorie 148

Selbstisolation
Urknall – Schwarzes Loch 159

Einleitung

Es gibt Theorien und es gibt Theoriegegenstände. Das versteht sich von selbst. Auch selbstverständlich ist, daß manche Theorien besser zu ihren Gegenständen passen als andere. Manche Theorien treffen nicht zu, und manche Gegenstände entziehen sich hartnäckig unserer Erkenntnis. Wie schlecht es jedoch auch immer um das Verhältnis von Theorie und Theoriegegenstand bestellt sein mag, stets gibt es ein, zumindest einseitiges, Bedürfnis nach Kongruenz: Die Theorie möchte mit ihrem Objekt übereinstimmen.

Dieses Bedürfnis ist heute gebrochen. Es gibt Theorien, die mit ihrem Gegenstand nicht kongruieren, sondern ihn verändern wollen. Diese Theorien nenne ich *selbstorganisierte Theorien*, und es sind meiner Meinung nach solche, die unser Jahrhundert geprägt und verändert haben. Denn zu dieser Art von Theorie gehören so prominente Theorien wie die Quantenmechanik und die Relativitätstheorie. Von ihnen handelt dieses Buch, von ihnen und ihrer besonderen Weise, mit Gegenständen umzugehen.

Dabei hat die Veränderung, die selbstorganisierte Theorien ihren Objekten zufügen, nichts mit einer Verfälschung zu tun. Selbstorganisierte Theorien verändern ihren Gegenstand, um möglichst gut zu ihm zu passen. Dies ist so zu verstehen, daß es bestimmte Gegenstandsaspekte gibt, zu denen nur eine selbstorganisierte Theorie Zugang hat. Natürlich sind diese Aspekte von ganz besonderer, um nicht zu sagen, exotischer Art. Sie betreffen das zukünftige Verhalten eines Gegenstands ebenso wie auch das Einwirken von Eigenbewegung und Schwerkraft auf ihn. So kommt es, daß selbstorganisierte Theorien von geheimnisvollen Objekteigenschaften handeln und daß man sie nur sehr vorsichtig auf all die weniger geheimnisvollen und eher geläufigen Eigenschaften dieser Gegenstände übertragen kann. Dennoch hat man es getan, und ist so zu bizarren Ergebnissen gekommen. Vom Quark zum Urknall reicht die Kette absonderlicher Konstruktionen, die daraus folgen, daß selbstorganisierte Theorien über Dinge reden, von denen sie nicht reden können.

Doch ist auch das systembedingt. Es gehört zu den Merkmalen selbstorganisierter Theorien, ihren Geltungsbereich auszudehnen. Selbstorganisierte Theorien verstärken sich. Sie tun das, weil sie einem ganz besonders großen Legitimationsdruck ausgesetzt sind. Gewiß, jede Theorie muß ihre Sichtweise begründen. Erst dadurch wird sie zu einer Theorie. Eine Theorie aber, die nur über die Modifikation von Gegenständen einen Zugang zu ihnen findet, kommt mit einer bloßen Begründung nicht aus. Darüberhinaus muß sie zeigen, daß es den von ihr hervorgebrachten Gegenstand überhaupt gibt, daß er existiert. So kommt es, daß die Ergebnisse einer selbstorganisierten Theorie weniger die Wirklichkeit als das, was sie aus ihr gemacht hat, diskutieren. Vom Quark zum Urknall reicht die Kette dieser Diskussionsbeiträge.

Sind sie deshalb reine Erfindungen? Gibt es vielleicht die Quarks oder den Urknall, mit dem die Welt begonnen haben soll, gar nicht? Es könnte sein. Jedenfalls soll gezeigt werden, daß hinter den Vorstellungen, die die Quantenmechanik und die Relativitätstheorie hervorgebracht haben, nicht nur Sachzwänge, sondern auch und gerade ein Theoriezwang steckt.

Es gibt eine Theorie, deren Voraussagen richtig sind, ohne daß man weiß warum. Diese Theorie heißt Quantenmechanik. Bis heute gibt es in ihrem Geltungsbereich kein Experiment, das ihr widerspricht. Bis heute gibt es keine Erklärung dafür.

»Es ist fair zu sagen, daß wirklich niemand versteht, warum die Quantenmechanik funktioniert«, so kommentiert Franco Selleri diesen Umstand. Natürlich hat man ihn zu erklären versucht. Über eine Methode zu verfügen, die die Ergebnisse mikrophysikalischer Versuche prognostizieren, nicht aber die Bedingung ihrer Gültigkeit angeben kann, ist unbefriedigend. Man muß sich das einmal vorstellen! Die statistische Verteilung atomarer Ensembles können wir bis auf Dezimalstellen genau berechnen, wie es aber kommt, daß gerade diese Rechenart zu dem paßt, was wir da berechnen, entzieht sich unserer Kenntnis.

Natürlich liegt es nahe, die Erklärung dafür im Verhältnis von Theorie und Theoriegegenstand zu suchen. Beide passen eben zusammen. Doch leider ist die Quantenmechanik keine einheitliche Theorie. Da sie jedoch in all ihren Ausformungen zu gleichen (richtigen!) Ergebnissen kommt, steht es schlecht um den Versuch, im Verhältnis von Theorie und Theoriegegenstand die Begründung für die Richtigkeit der Theorie zu suchen. Das ist der Grund, warum ich einen anderen Weg vorschlagen werde: Daß die Vorhersagen der Quantenmechanik richtig sind, folgt weder aus dem Gegenstand noch aus dem Verhältnis, das zwischen ihm und seiner Theorie besteht, sondern allein aus der Theorie. Es gibt Theorietypen, deren Prognosen nicht deshalb stimmen, weil sie besonders gut zu dem passen, was sie prognostizieren, sondern weil sie immer stimmen.

Diesen Theorietypen gelingt es, den Gegenstand, von dem sie handeln, in sich zu integrieren. Ihr Gegenstand wird so zu einem Bestandteil ihrer selbst. Diese Partizipation ist die Grundlage dafür, daß das Kalkül einer Theorie von ihrem Gegenstand gilt. Es gibt keine Trennung zwischen beiden. Indem die Theorie ihre internen Strukturen entwickelt und präzisiert, bestimmt und artikuliert sie ihren Gegenstand. Das ist der Grund, warum ich diesen Theorietyp zu dem auch die Quantenmechanik gehört, *selbstorganisiert* nennen werde. Die Prognosen der Quantenmechanik sind richtig, nicht weil sie atomare Ensembles besonders gut begreifen und darstellen kann, sondern die Prognosen der Quantenmechanik sind richtig, weil diese atomaren Ensembles ein Teil von ihr sind. Was sie von sich als Theorie sagt, was sie berechnet und kalkuliert, gilt unmittelbar für ihren mikrophysikalischen Gegenstand. So kommt es, daß die Quantenmechanik mehrere Rechenweisen ausbilden konnte, von der jede die richtigen Ergebnisse liefert. *Sie alle sind selbstorganisiert, und selbstorganisierte Rechenweisen stimmen ausnahmslos.*

Selbstorganisierte Theorien können Entwicklungen prognostizieren, weil sie mit ihnen übereinstimmen. Selbstorganisierte Theorien können natürlich noch mehr. Sie können aber nicht alles. Letztlich zahlen sie für ihre Voraussagen einen hohen Preis. Indem sie das, von dem sie handeln, in sich tragen, verändern sie es. Diese Veränderung bildet die Kehrseite jener Vorhersagekraft, mit der die Quantenmechanik ausgestattet ist. Bemerkbar macht sie sich beispielsweise im bloß statistischen Charakter quantenmechanischer Voraussagen. Genauer gesagt will die Quantenmechanik entdeckt haben, daß die Teilchen, deren Verhalten sie kalkuliert, widersprüchliche Mischungen sind. So sollen sie über keinen Aufenthaltsort verfügen, wenn sie sich bewegen und keine Bewegung aufweisen, wenn sie lokalisierbar sind. Das unterscheidet sie von gewöhnlichen Objekten. Dieser Eigenschaft haben die Quantenmechaniker einen Namen gegeben. Sie nennen ihre Teilchen *komplementär.* Mit der Komplementarität ihrer Größen bezahlt die Quantenmechanik, bezahlt jede selbstorganisierte Theorie ihr Wissen über die zukünftige Entwicklung dieser Größen. So kann man es mit quantenmechanischen Modellen sehr wohl aufnehmen, wenn es um die Eindeutigkeit ihrer Objekte geht. Wenn es darum geht, daß ein Objekt sowohl über einen Impuls, eine Bewegung und einen Ort verfügt. Man hat es getan. So kann man es mit quantenmechanischen Modellen aber nicht aufnehmen, wenn es um die Voraussage des Verhaltens ihrer Objekte geht. Daran sind bis heute alle ihre Widersacher gescheitert.

Wenn nun die Prognostizierbarkeit und die mangelnde Eindeutigkeit eines Gegenstands gleichzeitig durch die Struktur eines bestimmten Theorietyps gegeben sind, wirft das schwere Probleme auf, was die Realität dieses Objekts angeht. Gibt eine selbstorganisierte Theorie die Realität ihrer Objekte vor? Sind atomare Gegenstände uneindeutig, weil sie uneindeutig sind oder weil die Quantenmechanik ihr Verhalten vorhersagen kann? So absurd diese Formulierung klingt, man hat sie ernsthaft diskutiert und ist als Kopenhagener Deutung der Quantenmechanik bekannt geworden. Sie macht einen Unterschied zwischen gemessenen und ungemessenen Teilchen, anders gesagt, sie differenziert zwischen Teilchen, an denen die Prognose ihres Verhaltens verifiziert worden ist oder nicht. Auf diese Weise wird die Prognose untrennbar mit einer Modifikation der von ihr vorausgesagten Größe verbunden, greift die Prognose als Messung in ihren Gegenstand ein. Heute kann man die Dinge ein wenig anders sehen. Allerdings betrifft diese moderne Sichtweise der Quantenmechanik eher die Begründung, warum Theorietypen das, von dem sie handeln, modifizieren. Statt diese Modifikation in Frage zu stellen oder gar zurückzunehmen, erübrigt sich der Umweg über die Messung atomarer Objekte. Die Quantenmechanik gibt ihre Ergebnisse richtig vor, weil sie eine selbstorganisierte Theorie ist und nicht weil durch den Eingriff der Messung ihr Gegenstand so zugerichtet wird, wie sie ihn braucht. In der Messung und ihrer modifizierenden Wirkung realisiert sich die Vorgabe einer selbstorganisierten Theorie und nicht umgekehrt.

Diese Entflechtung des Eingriffs in die sogenannte Wirklichkeit von dem, was ihm als Theorie vorangeht, macht die Frage nach der Wirklichkeit dieser Wirklichkeit jedoch nur dringlicher. Was können wir über die Realität atomarer und subatomarer Wirklichkeit aussagen, wenn sie von der Theorie als Theorie in so markanten Punkten wie etwa der Uneindeutigkeit dieser Wirklichkeit vorgegeben wird?

Dieses Problem wird noch komplizierter, wenn wir an Theorietypen denken, die nicht selbstorganisiert sind. Was sagen sie über die Realität aus? Daß sie beispielsweise der quantenmechanischen Sicht widersprechen, habe ich schon angedeutet. Daß sie deren Voraussagekraft nicht unterlaufen konnten, auch. Und wenn man sagt, daß die jeweiligen Aspekte der Wirklichkeit von ganz bestimmten Theorien jeweils am besten behandelt werden? Daß jede ihre eigenen Qualitäten hat? Daß dieser Theorietyp etwas kann, was ein anderer nicht kann und umgekehrt? Daß wir so viele Theorien brauchen wie es Erscheinungsformen der Wirklichkeit gibt? Daß es nicht eine Realität gibt, sondern viele – daß nicht eine einzige Theorie nötig ist, um sie zu erfassen, sondern eine ebenso große Zahl? Schließlich ist die statistische Voraussagbarkeit des Verhaltens großer Ensembles ein allenfalls rückversicherungsrelevanter Teil dessen, was uns umgibt. Die eindeutige Erfassung individueller Größen ist manchmal genauso wichtig und oft viel wichtiger. Die Vielfalt der Theorie und die Vielfalt der Realität: vielleicht liegt hier die Korrespondenz, die wir suchen.

Nun sieht es so aus, als sei die Entsprechung von Theorie und Theoriegegenstand beliebig. Das ist nicht der Fall. Nur bestimmte Theorien passen zu bestimmten Theoriegegenständen. Sobald wir beispielsweise nach eindeutigen, nach individuellen Bestimmungen einzelner Größen fragen, kann die Quantenmechanik mit ihren uneindeutig gedachten Gegenständen keine sinnvolle Auskunft geben. Aus einer derartigen Vermengung divergierender Fragen und Antworten entstehen absurde Lösungen. Genau das beobachten wir heute. Da ist ein sogenanntes *Fernwirkungsprinzip* bewiesen worden; da soll die Welt, die uns umgibt, nicht länger lokal, sondern von den Ereignissen in fernen Galaxien determiniert sein. So sehen Konsequenzen einer Theorie aus, die, obwohl sie unfähig zur Bestimmung individueller Größen ist, auf solche Größen angewendet wird. Mag das auch metatheoretisch abgehoben klingen, so wird die Vermengung quantentheoretischer Denkmuster mit empirischen Forschungsprojekten zur Analyse einzelner Größen doch offensichtlich. In den milliardenteuren Teilchenbeschleunigern, mit denen man heutzutage Städte und ganze Wüsten unterkellert, verfolgt man anhand von Strategien einer zwar prognosefähigen, aber nicht auf Einzelbestandteile von Systemen anwendbaren Theorie keine andere Frage als die nach den Einzelbestandteilen der Materie. Das eher fragwürdige Ergebnis von aus sich selbst zusammengesetzten Letztbausteinen wirft kein Licht auf das, was unsere Welt im Innersten zusammenhält, sondern auf die Antworten einer Theorie, die individuelle, einfache, nicht zusammengesetzte Objekte gar nicht befragen kann. Wir sehen, daß es um die Vereinheitlichung zwischen Theorie und Gegenstand schlecht bestellt ist, solange ungeklärt bleibt, welche (Teil-)Theorie mit welchen Realitätsbestandteilen eine Synthese eingehen soll. Was hier zusammenpaßt und was nicht, zieht eine Grenze, die sich gegenüber universalistischen Ansätzen querstellt. Das gilt für die Megaprojekte der *Großen Vereinigungstheorien* (GUTs) genauso wie für die Theorien des *New Age*. In beiden Ansätzen greifen die Konzepte auf die Gegenstände über, in beiden Ansätzen hypostasieren partiell zutreffende Beschreibungen ihren Gegenstandsbereich. Das ist kein Zufall, sondern eine Art der Selbstverstärkung. Theorien, und das gilt in besonderem Maße für selbstorganisierte Theorien, versuchen sich auszubreiten, versuchen in dem Maße, wie sie auf eine wachsende Zahl von Gegenständen zutreffen, ihre Relevanz einzufordern. Diesem Theorieexport setze ich die Idee der *regionalen Theorien* entgegen. Diese beschränken sich selbst und expandieren nicht. Sie korrespondieren, statt zu diktieren. Sie verstärken sich nicht selbst, sie sind selbstmodifiziert.

TEIL I: QUANTENMECHANIK

Selbstorganisation

1. *Die theoretische Vorgabe: Wellenfunktion*

In diesem ersten Kapitel möchte ich darstellen, wie eine selbstorganisierte Theorie entsteht. Zu diesem Zweck betrachte ich die Regel, die bei der Erzeugung statistischer Voraussagen anzuwenden ist. Und dies, weil in der Quantenmechanik ein inniger Zusammenhang zwischen ihrer Selbstorganisation und solchen Voraussagen besteht. So wird deutlich, daß die Theorie diese Regel nicht nur aufgreift, um das Verhalten atomarer Teilchen zu prognostizieren, sondern auch um durch sie diese Teilchen in ihr eigenes theoretisches Konzept zu integrieren. Diese Integration ist die Selbstorganisation der Theorie. Damit deutet sich schon an, daß wir es mit einer komplizierten Bewegung zu tun haben. In ihr wird die Selbstorganisation einer Theorie *als* deren Prognosefähigkeit erscheinen und umgekehrt. Solche Bewegungen, die mehrere Dinge gleichzeitig verfolgen, sind nicht leicht darzustellen. Oft ist man gezwungen, einer linearen Beschreibung derselben den Vorzug zu geben. So läuft auch in meinem Text nacheinander ab, was in Wirklichkeit simultan geschieht. *Zuerst* zeige ich die Regel auf, welche die statistischen Prognosen ermöglicht, *anschließend* folgt der Nachweis, daß diese Regel auch zur Selbstorganisation der Quantenmechanik verwendet wird. Beginnen wir also mit der Statistik.

Die Quantenmechanik kann statistische Voraussagen machen. Das können andere Theorien auch. Jeder Versicherungskaufmann baut auf statistische Voraussagen, ganze Stadtplanungen leben davon. Statistische Voraussagen sind so alltäglich geworden, daß sie in nahezu allen Planungen des öffentlichen Lebens anwesend sind. Niemand kann sie sehen oder fühlen: jene Standards, von denen man selbst ein Teil ist; überall begegnen wir ihnen: statistischen Werten, die unsere Lebenserwartung, ja, unseren Lebensstil vorgeben, nicht unmittelbar, sondern vermittelt über das Gesetz der Großen Zahl, hochgerechnet und im Mittel verteilt. Deswegen gibt es ihn nicht:

den statistisch gewichteten Standardmenschen. Jeder ist anders und weicht ein wenig ab. Selbst in der Zeit der Massenkultur käme niemand auf die Idee, die Masse als solche realisiert zu denken. Die Realisierung ist ein ideologisches Vehikel geblieben, das Individuum mag verplant sein, eine Planstruktur hat es nicht. Mögen statistische Prognosen auf ein kollektives Verhalten angewiesen sein, mögen sie es im Einzelfall sogar produzieren und fördern, hier und jetzt, bei Frau B. und Herrn K. gibt es ein individuelles und kein allgemeines Sterbedatum. Mögen Tausende am Abend einem identischen TV-Programm folgen, identische Träume haben sie nicht.

Wie gesagt, die Quantenmechanik beteiligt sich an eben diesen Voraussagen. Das ist nicht ungewöhnlich und paßt in die Zeit. Was ungewöhnlich ist und uns beschäftigen wird, ist nicht ihre Prognose statistischer Ensembles, sondern ihr Glaube an die eigene Existenz. Die Quantenmechanik hat ihn gesehen, sieht ihn jeden Tag: den statistischen Körper, das Standardteilchen. Sie nimmt, mit anderen Worten, das kollektive Verhalten wahr. Für die Quantenmechanik gibt es den statistisch ermittelten Durchschnittswert, für sie trägt ein jeder von uns den monatlich neu berechneten Warenkorb nach Hause.

Das hat sie in Schwierigkeiten gebracht. Unter anderem hat sich aus der wahrhaftigen Existenz statistischer Größen die Ununterscheidbarkeit dieser Größen ergeben. Entindividualisiert wie sie sind, können statistische Größen keinen konkreten Aufenthaltsort haben; vorsichtiger ausgedrückt: die Welt, in der sie sich aufhalten, muß sich von der Welt, in der wir uns aufhalten, unterscheiden. Um diesen Unterschied ist viel Aufhebens gemacht worden. Er betrifft die berechtigte Differenz von Mikro- und Makrokosmos – will sagen: er hält statistische Werte, die real existieren, von realen Werten, die statistisch existieren, fern. Um diesen real existierenden Durchschnittswert zu verstehen, sehen wir uns zunächst einmal die Bildung eines Durchschnittswertes an. Oder gehen wir noch einen Schritt weiter zurück und fragen, was man mit ihm erreichen will. Ich sagte es schon: Prognosen. Um Voraussagen machen zu können, brauchen wir keine konkreten, leibhaftigen, keine schwankenden, willkürlichen, sondern statistische Ensembles. Und dies jeweilige Ensemble, das ist der Durchschnittswert.

Um zu sehen, wie er mit Prognosen zusammenhängt, wähle ich ein Beispiel. Nehmen wir ein statisches und ein dynamisches Attribut, etwa den Aufenthaltsort und das Alter eines Personenkreises, und versuchen wir die Anzahl in ihm enthaltener Raucher vorauszusagen. Das wird so lange möglich sein, wie unsere Attribute breit gestreut sind. Im Großraum Frankfurt gibt die Menge aller Menschen über 60 ein sinnvolles statistisches Ensemble ab. Die Zahl ist groß, der Raum weit genug, um signifikante Aussagen über den Prozentsatz an Rauchern zu bilden. Diese Aussage wird immer schwieriger, je konkreter wir werden. Auf eine bestimmte Straße in Frankfurt bezogen und auf Menschen zwischen 60 und 65 eingeschränkt, sind wir schon anfälliger für zufällige Schwankungen und erliegen ihnen ganz, sobald wir in einer bestimmten Wohnung in dieser Straße nach der Anzahl rauchender Männer fragen, die am 3. 12. 1927 geboren sind. Das kann man nicht mehr voraussagen, hier hat die Realität das statistische Ensemble verdrängt.

↓ zunehmende Konkretisierung	**Alter**	↓ abnehmende Prognosefähigkeit	**Aufenthaltsort**	↓ abnehmender statistischer Wert
	alle Menschen über 60		in Frankfurt	
	alle Menschen zwischen 60 und 65		in der Bockenheimer Landstraße	
	alle Menschen, die am 3. 12. 1927 geboren sind		Bochenheimer Landstraße, 3. Stock links	

Nun hätte diese Wanderung von großen zu kleinen Mengen wenig mit quantenmechanischen Aussagen zu tun, wenn es nicht einen recht sonderbaren Trick gäbe. Die Konkretisierung der angenommenen Attribute *Aufenthaltsort* und *Alter* von Personen schadet der Prognosefähigkeit nur, solange sie parallel, solange sie gleichzeitig erfolgt. Ein Attribut kann beliebig verkleinert und spezifiziert werden, das hebt unsere Möglichkeiten zur Bildung wahrscheinlicher Verteilungen nicht auf. Nur beide gemeinsam zerstören, wenn sie konkret, das heißt wirklich und leibhaftig werden, statistische

Aussagen. Selbst über eine Wohnung in einer genau bezeichneten Straße in Frankfurt können wir noch eine statistisch sinnvolle Aussage bezüglich der in ihr beheimateten Raucher machen – wenn deren Geburtstag nicht festgelegt ist. Es gibt Material über den durchschnittlichen Haushalt, die 1,2 Raucher, die in jedem davon anzutreffen sind. Ebenso verhält es sich mit dem dynamischen Attribut. Wir können getrost bis auf einzelne Jahrgänge eingrenzen und unsere statistischen Aussagen treffen –, solange wir diese Jahrgänge nicht mit konkreten Aufenthaltsorten koppeln. »Entweder statisches oder dynamisches Attribut, nur nicht beide zusammen«, so könnte, bezogen auf mein Beispiel, eine Regel zur Voraussage wahrscheinlicher Verteilungen heißen. Es lohnt sich, diese Regel graphisch festzuhalten:

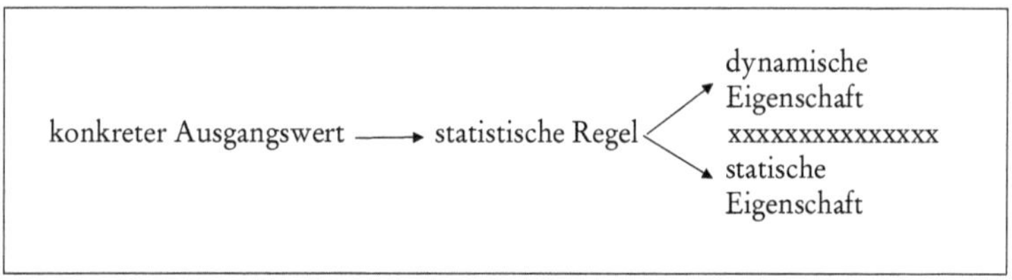

Ein konkreter Ausgangswert, auf den wir unsere statistische Regel anwenden, verwandelt sich. Das, was ihn vormals ausgezeichnet hat, verschiebt sich. Diese Verschiebung betrifft die gleichzeitige Realisation seiner Attribute. Wir sind es gewohnt, daß Gegenstände sowohl über statische als auch über dynamische Eigenschaften verfügen. In meinem Beispiel standen dafür das Alter und der Aufenthaltsort nicht näher bezeichneter Personen. Das ändert sich, sobald wir von der konkreten in die statistische »Wirklichkeit« wechseln. Jene Regel, die wir erschlossen haben, bestimmt diesen Wechsel. Sie bewirkt, daß nur noch einer der angenommenen Attribute real werden darf. Die simultane Realisierung der statischen und dynamischen Eigenschaften hört auf. Dieser Ausschluß von Objekteigenschaften wird durch die gekreutzte Linie meiner Graphik angedeutet. Er charakterisiert die statistisch verfaßten Objekte. Wir werden sehen, daß auch die Quantenmechanik sehr ähnliche Mechanismen anwendet, um von konkreten zu statistischen Gegenständen zu kommen. Die Regeln, die sie dabei entdeckt, beziehen sich ebenfalls auf die Eigenschaften von Objekten. Denn diese Objekte, das sind die atomaren Teilchen. Sie verfügen, so behauptet die Quantenmechanik, über Attribute, die zwar alle konkret, jedoch nie gleichzeitig konkret sein können. Sie sind im Raum lokalisierbar, hier und jetzt, sie treffen als winzige Punkte auf Phosphorschirme. Dedektoren reagieren auf sie, sie schlagen sich nieder und sind da. Diese konkrete Existenz ist statisch, ist bewegungslos. Wenn sich die Teilchen bewegen, haben sie keinen Ort. Wenn ihr dynamisches Attribut in den Vordergrund tritt, verschwindet ihre festumrissene Präsenz, lösen sie sich in Wellen auf, in interferierende Bewegungsmuster, können sie sich plötzlich um Ecken und Kanten biegen, bilden sie ringförmige Muster aus, die mit linearen Bahnen kleiner, massebelegter Körper unvereinbar sind. Welle und Teilchen, das ist der Gegensatz, in dem sich meine Regel zur Erzeugung statistisch relevanter Aussagen auf atomarem Niveau formuliert.

So wird aus der Theorie, die ihre Objekte komplementär begreift und somit behauptet, daß deren konkrete Attribute (hier Ort und Bewegung) nicht gleichzeitig konkretisiert werden können, eine statistische Theorie. Weil sich Wahrscheinlichkeitsaussagen auf statistische Ensembles beziehen müssen, stellt die Quantenmechanik zuerst einmal solche Ensembles her. Zeigen wir nun, wie sie das macht.

Wie kann man das, was wir leichthin unsere Wirklichkeit nennen, in ein statistisches Ensemble transformieren? Die Beantwortung dieser Frage führt uns zur Theorieform der Quantenmechanik. Aus dem Verhältnis, das die Theorieform der Quantenmechanik mit den Attributen ihrer Objekte bildet, ergibt sich die statistische Natur dieser Objekte. Ich habe von der Quantenmechanik als einer selbstorganisierten Theorie gesprochen. Hier beginnt sie. Sie verwandelt das, von dem sie gilt, in ein statistisches Objekt. Dabei ergibt sich diese Verwandlung aus der Weise, in der sich die Quantenmechanik als Theorie auf ihre Gegenstände bezieht. Der Bezug zwischen Objekt und Theorie überführt atomare Ensembles in statistische Ensembles. Deshalb kann man die Quantenmechanik eine selbstorganisierte Theorie nennen: ihr Objekt entsteht aus ihr selbst.

Das ist leicht gesagt und impliziert doch nicht weniger als die Erkenntnis des »kosmischen Codes«, was bedeutet, daß konkrete Eigenschaften atomarer Teilchen von der Theorie direkt angesprochen werden können. Und weil sich dabei die, wenn man so sagen will, Statistifizierung dieser Eigenschaften bildet, markiert dieser Code den Ort, an dem sich die Selbstorganisation einer Theorie mit der Herstellung statistischer Ensembles kreutzt. Verkürzt heißt das:

Die Fähigkeit zur Voraussage bei der Quantenmechanik stammt aus ihrer Selbstorganisation.

Stellen wir diesen Ort, an dem sich Selbstorganisation, Statistik und Prognostik verbinden, ausführlicher dar! Von ihm ist die Quantenmechanik ausgegangen, um die (atomare) Welt zu erobern, in ihm konzentrieren sich ihre Schwächen und Stärken. Er entscheidet darüber, was sie behandeln kann und was nicht. Ich habe schon angedeutet, daß sich der statistische Charakter atomarer Ensembles in ihren komplementären Eigenschaften niederschlägt. Sie können ihre konkreten Attribute nicht gleichzeitig konkretisieren. Damit werden sie prognostizierbar. Wie mein kleines Beispiel gezeigt hat, bildet der wechselseitige Ausschluß dynamischer bzw. statischer Attribute die Voraussetzung dafür, daß man über wahrscheinliche Verteilungen erfolgversprechend spekulieren kann. Diesen Ausschluß, der ja bekanntlich zu den spektakulären Ergebnissen der Quantenmechanik zählt und also auch deren Prognosefähigkeit begründet, möchte ich jetzt mit ihrer Theorieform verbinden.

Wie jede Theorie benötigt auch die Quantenmechanik eine Sprache, in der sie über ihre Gegenstände spricht. Sie zu formulieren, war die Pionierarbeit ihrer Begründer. Wie in jeder Theorie hat sich diese Sprache der Quantenmechanik in Dialekte gespalten. Da gibt es die Matritzensprache, die Heisenberg erfand, Diracs Transformationssprache und Schrödingers Wellensprache. Ergänzt werden sie durch Feynmans Pfadintegrationssprache, die jüngeren Datums ist. Vier Dialekte, vier unterschiedliche Weisen, über das Objekt der Quantenmechanik zu sprechen. Daß es sich um Dialekte handelt, weist auf ihre innere Verwandtschaft hin. Sie ähneln sich und vorgreifend läßt sich sagen, daß diese Ähnlichkeit immer dann im Vordergrund steht, wenn es um die statistische Erfassung atomarer Objekte geht. Das ist nicht verwunderlich. Schließlich geht es allen vier Dialekten der Quantenmechanik um die Prognose ihres Verhaltens. So erwartet man von den vier Sprachen der Quantenmechanik, daß sie ihre Gegenstände als statistische Gegenstände ansprechen.

Um zu zeigen, wie so etwas möglich ist, beginnen wir mit der Wellensprache. Jeder von uns kennt sie, jeder hat schon einmal Wellen in einem Teich erzeugt. Natürlich gibt es wichtige Unterschiede, wie etwa den, daß die Intensität einer Quantenwelle anders als bei Meereswellen einer Wahrscheinlichkeitsverteilung entspricht. Doch gehen wir der Reihe nach vor. Da eine Quantenwelle wie jede Welle zeitlich und räumlich schwingt, gibt es zwei verschiedene Weisen ihrer Beschreibung: eine, die sich auf ihre räumliche, und eine zweite, die sich auf ihre zeitliche Veränderung bezieht. Die Art und Weise, wie sich Wellen fortpflanzen, bestimmt ihre Charakteristik. Wichtiger als die Details dieser Charakteristik scheint mir die Tatsache zu sein, daß jede Wellenform, die sich in solch räumlichen und zeitlichen Veränderungen ausprägt, als Summe anderer Wellen beschrieben werden kann. Diese Möglichkeit, beliebige Wellen aus beliebigen anderen Wellen aufbauen bzw. diese in jene zerlegen zu können, geht auf ein berühmtes Theorem Fouriers zurück. Ursprünglich auf Wärmewellen bezogen, stellt es einen Idealtyp der angedeuteten Transformation dar. Zwar bewies Fourier nicht, daß eine jede Wellenform auch als aus anderen Wellenformen bestehend gelesen werden kann, wohl aber, daß sich jede Welle auf eindeutige Weise durch Sinuswellen repräsentieren läßt. Sinuswellen sind jene idealtypischen Wellen, deren Kurvenform eine Art Vorbild für alle anderen gekräuselten, geschwungenen und aufschäumenden

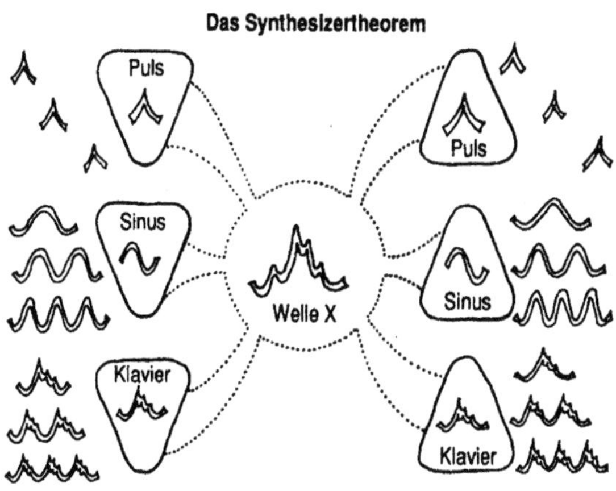

Das Synthesizertheorem: Jede beliebige Wellengestalt kann aus einer Summe von Wellenformen, die irgendeiner Wellenformfamilie angehören, aufgebaut werden (Synthese) - eine angeborene Welleneigenschaft, die man »Versammlungsfreiheit« nennen könnte; in gleicher Weise kann jede Wellengestalt als eine Summe von Wellenformen, die irgendeiner Wellenformfamilie angehören, dargestellt werden (Ananlyse). Das Synthesizertheorem besagt, daß dieselbe Wellengestalt in einer Vielzahl von verschiedenen Wellenformalphabeten analysiert, bzw. synthetisiert werden kann.

Wellen zu sein scheint. Diese Beziehung zwischen konkreter Welle und idealtypischer Sinuswelle kann man analog nennen. Die addierten Sinuswellen ähneln schließlich der Welle, die sie simulieren sollen. Die schon angedeutete Ausweitung des Theorems von Fourier begann, als man neben der analogen Erzeugung beliebiger Wellen deren digitale Rezeptur fand. Statt aus den kurvig ausgezogenen Linien eines Sinuswellen-Spektrums können Wellen auch aus den punktförmigen Formationen sogenannter Pulswellen hergestellt werden.

Dabei ist es nicht egal, von welchen Wellenformen wir ausgehen. Stellen wir uns kurze musikalische Klänge von Schlaginstrumenten vor, etwa Trommeln oder Kastagnetten. Das Kurvenspektrum, das sie zeigen, ähnelt stark jenen stachelartigen Wellenpunkten der digitalen Analyse. Ganz anders sind musikalische Klänge, die man als reine Töne (von Flöten, Orgeln oder vielleicht Stimmgabeln) wahrnimmt und eher einem Sinuswellenspektrum gleichen. Diese »natürliche« Nähe zwischen bestimmten Wellenformen und ihrem entweder analogen oder digitalen Nachbau hat Konsequenzen. Anders gesagt: In ihr verbirgt sich das Geheimnis, wie man aus konkreten Größen statistische Größen macht.

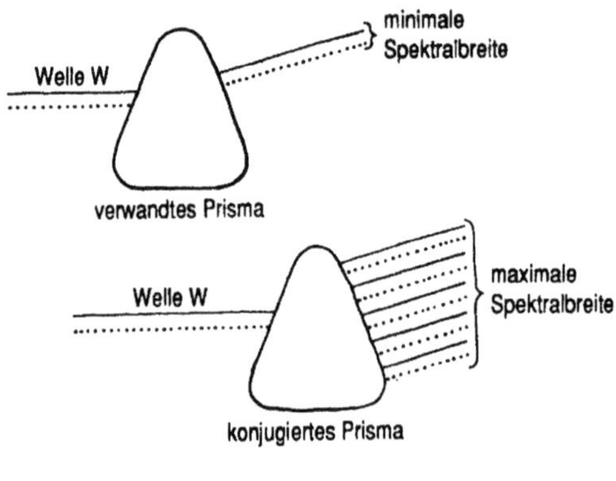

Verwandtes Prisma und konjugiertes Prisma. Das verwandte Prisma einer Welle ist das Analyseprisma, das die Welle am wenigsten aufspaltet; das konjugierte Prisma einer Welle ist das Analyseprisma, das sie am meisten aufspaltet. Eine Welle gehört zur Wellenformfamilie dcs verwandten Prismas und gleicht den Angehörigen der konjugierten Wellenformfamilie am wenigsten.

Wenn man sich das Spektrum vorstellt, in das eine digitale Analyse ihre nah verwandte Klänge zerlegt, so fällt auf, daß es klein ist. Wenige Pulswellen bauen kurze Klänge auf. Umgekehrt muß das Spektrum, in das Pulswellen reine Töne zerlegen, sehr groß sein. Nur eine große Menge digitaler Wellen vermag Orgel- und Flötentöne aufzubauen. Dabei versteht es sich von selbst, daß die analoge Synthese bzw. Analyse von Wellenformen gleich verfährt. Deshalb gibt es verwandte und konjugierte Prismen - wie man den Spektralbereich nennt, den die Anwendung digitaler oder analoger Analysen erzeugt. Konfrontieren wir jetzt einen (beliebigen) konkreten Klang mit unseren entgegengesetzten Repräsentationsformen. Was auch immer dabei herauskommt, *beiden* kann er nicht gleichen. Egal, wie verzerrt und moduliert eine Welle sein mag, es ist unmöglich, daß sich die Spektren ähneln, in die sie verwandte und konjugierte Prismen aufspalten.

Das können wir uns an einem Beispiel klarmachen. Stellen wir uns einen peitschenartigen Knall vor. Sein verwandtes Prisma gibt ihn digital als Pulswelle wieder. Es liegt auf der Hand, daß dieses Pulswellenspektrum sehr klein ist. Ganz anders verhält es sich, wenn wir auf den Peitschenknall ein konjugiertes Prisma anwenden. Es gibt ihn analog und das heißt mit Sinuswellen wieder. Dieses Sinuswellenspektrum muß außerordentlich groß sein, damit aus seinen langgezogenen Wellen jene spitze Wellenbündelung entstehen kann, die der Ausgangswelle, dem Peitschenknall, gleicht. Wenn wir das im Auge behalten, können wir verstehen, wie es zu dem wechselseitigen Ausschluß verwandter und konjugierter Spektralbereiche kommt. Obwohl jede Ausgangswelle sowohl analog als auch digital repräsentiert werden kann, schließen sich diese beiden Repräsentationsweisen aus.

Das führt uns auf die Frage zurück, wie man statistische Gegenstände herstellt. Denn einen solchen Ausschluß kennen wir schon aus dem obigen Beispiel zur Herstellung statistischer Größen. Dort betraf er dynamische und statische Attribute, die nicht gleichzeitig realisiert werden konnten. Hier betrifft er jene Spektralbereiche, die *gemeinsam* zu *einer* Ausgangswelle gehören und trotzdem in Widerstreit geraten. Es ist also nicht verwunderlich, daß die Graphik, mit der wir die Zerlegung von Ausgangswellen wiedergeben können, jener Graphik gleicht, mit der ich die erste statistische Regel erfaßt habe. Hier als Erinnerungsstütze nochmals die graphische Darstellung der statistischen Regel:

konkreter Ausgangswert → statistische Regel → dynamische Eigenschaft
xxxxxxxxxxxxxxx
→ statische Eigenschaft

Und jetzt die neue Graphik, die Graphik, die die Zerlegung einer Ausgangswelle zeigt:

Ausgangswelle → Prismen → Sinuswelle/analoge Repräsentation
xxxxxxxxxxxxxxx
→ Pulswelle/digitale Repräsentation

Nun wird man kaum annehmen können, daß eine Wellenform ihre Zerlegung in digitale und analoge Spektren etwas angeht. Ob sich diese Spektren ausschließen, teilweise überlappen oder ergänzen ist ausschließlich ihre eigene und keine Angelegenheit des Objekts. Von welchem System auch immer die zu analysierende Wellenform gewonnen wurde, das Ergebnis, das aus einem Vergleich seines alternativ erzeugten Spektralbereichs folgt , bleibt ihm äußerlich. Es gibt keinen Weg, der den Bezug zwischen digitaler und analoger Analyse einer Wellenform auf die Wellenform bezieht. Beides zu vergleichen, vergliche Äpfel mit Birnen. Das wird besonders deutlich, wenn man Interpretationen, die aus dem Verhältnis von analoger und digitaler Analyse folgen, auf ihren Gegenstand ausweitet. Da beide Analyseformen Extreme darstellen, die sich entgegengesetzt sind, schließen sie Wellen aus, die ihnen gleichze.itig ähneln. Rückgewendet auf diese Wellen könnte man so auf die Idee verfallen, sie bezüglich ihrer Zerlegung in digitale bzw. analoge Bestandteile »unscharf« zu nennen. Jede Welle kann stets nur zu einer der Spektren gehören, kann nicht Puls- und Sinuswelle sein. Weil eine solche simultane Verwandtschaft unmöglich ist, kann jeder zu analysierenden Welle immer nur eine Zerlegungsform nahe kommen. Je näher sie beispielsweise digitalen Werten kommt, desto stärker schließen sich analoge Bestandteile aus. Trotz dieses Ausschlusses bleiben die Wellenformen, auf die wir uns beziehen, völlig eindeutig und scharf. Das folgt aus der Trennung, die zwischen ihnen und ihrer Analyse besteht. Wenn auch digitale und analoge Repräsentationsformen einen wechselseitigen Ausschluß markieren, kann dieser Ausschluß nicht auf das übergreifen, was durch ihn repräsentiert wird. Eine Welle entweder digital oder analog darstellen zu können, verändert diese Welle nicht. Sie bleibt, was sie ist. Das ist der Grund, warum man den Versuch, die unterschiedlichen Spektralbereiche umstandslos mit einer Unschärfe des von ihnen repräsentierten Gegenstands gleichzusetzen, eine »semantische Rückbildung« (3) genannt hat.

Wir können uns diese Äußerlichkeit der Beziehung an einem Beispiel deutlich machen. Stellen wir uns einen Text vor, der in einer beliebigen Sprache abgefaßt ist. Jetzt wenden wir auf ihn einen Sprachscanner an. Dieser Scanner soll herausfinden, in welcher Sprache der Text geschrieben ist. Es leuchtet ein, daß der Scanner nicht gleichzeitig zwei völlig verschiedene Sprachen auswerfen kann. Wenn wir den Text daraufhin überprüfen, ob er etwa in Englisch verfaßt ist, schließt jede positive Antwort seine Abfassung in Französisch aus. Das ist logisch. Daraus jedoch zu schließen, daß der Text unscharf sei, weil wir ihn nicht auf mehr als eine Sprache hin überprüfen können, macht die absurden Konsequenzen deutlich, die aus der angesprochenen Vermischung der Bestrachtungsebenen entstehen. Der Text spricht eine Sprache und die spricht er immer, egal, ob der auf ihn gerichtete Scanner auch noch andere Sprachen erkennen könnte oder nicht.

Deshalb können wir auch die unterschiedlichen Prismen der Wellenformanalyse nicht auf die konkreten Ausgangsgrößen beziehen. Anders gesagt: der gegenseitige Ausschluß der Prismen hat nichts mit einem möglicherweise statistischen Verhalten ihres Gegenstands zutun.

Um hier weiterzukommen, ist jener Dialekt der Quantenmechanik, der Wellensprache genannt werden kann, auf einen genialen Trick verfallen. Er baut die digitalen bzw. analogen Spektren, die bislang der von ihnen analysierten Wellenform äußerlich blieben, in diese Wellenform ein.

Wenn wir diesen Einbau auf unser kleines Beispiel beziehen, wird sein Sinn schnell klar. Statt den Sprachscanner, den wir uns ausgedacht haben, auf einen vorliegenden Text auszurichten, bilden wir ihn als Teil dieses Textes ab. Natürlich stellt sich die Frage, was dadurch verändert wird? Antwort: die Sprachbreite des Scanners findet von jetzt an im Text statt.

Der eindeutige Text

Der unscharfe Text

Es gibt, wenn man so will, plötzlich Unschärfe im Text, eine Größe, deren Möglichkeitsspektrum ihn in vielen und dabei auch sich ausschließenden Sprachen sprechen läßt. Etwas ähnliches passiert in der Quantenmechanik. Den Scanner brauchen wir nur durch die digitale bzw, analoge Analyseform zu ersetzen. Selbstverständlich müssen wir einen Weg finden, sie in die Wellenform einzuschleusen. Nun kommt der Trick, der die Quantentheorie zu einer selbstorganisierten Theorie gemacht hat. Er zeigt, wie aus konkreten Größen statistische Größen gemacht werden, die man vorhersagen kann.

Die digitale Analyse entspricht der Anwendung von Pulswellen auf eine Ausgangswelle. Die analoge Analyse entspricht der Anwendung von Sinuswellen auf sie. Puls- und Sinuswellen sollen als Teil der Ausgangswelle verstanden werden. Damit stellt sich die Frage, was an einer Welle denn als Puls- oder Sinuswelle verstanden werden kann? Gibt es so etwas wie Wellen in Wellen? Wohl kaum. An Wellen aber gibt es zum Beispiel Ort und Impuls. Wenn es gelingt, diese konkreten Größen ihrerseits durch Wellen zu repräsentieren, wären wir den gesuchten Schritt weiter, Nun liegt es nahe, den statischen Wert, also den Aufenthaltsort einer Welle zu einer genau bestimmten Zeit, durch eine eng umgrenzte Welle darzustellen, durch Pulswellen. Umgekehrt kann das zeitliche Schwingungsfeld einer Welle, ihr Impuls, durch langgezogene Wellen abgebildet werden, durch Sinuswellen. Auf diese Weise gehört zur Ausgangswelle das, womit wir sie bislang analysiert haben. Die Konsequenz, die daraus folgt, ist einfach. Wir erleben all das, was bisher auf die Analyse der Welle beschränkt war, an und in ihr selbst. Da sie von nun an pulsartige und sinusförmige Elemente enthält (Ort und Impuls), kann sie selber komplementär beschrieben werden. In einem Satz: Sie enthält sich wechselseitig ausschließende Elemente.

Wörterbuch der Wellenformatattribute

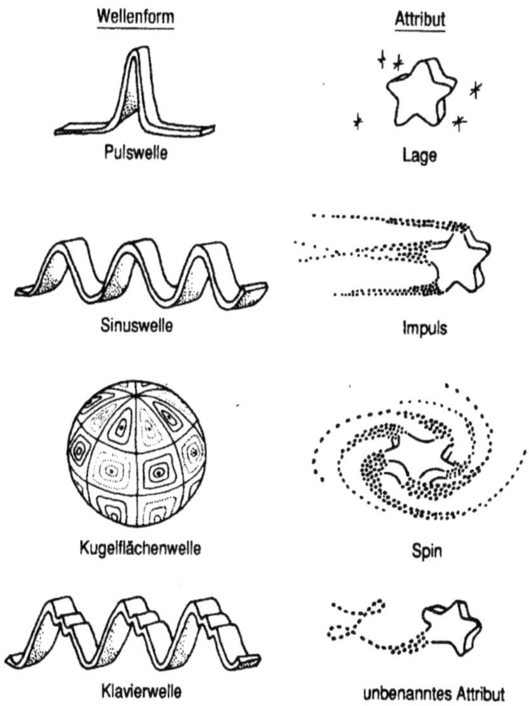

In der Quantentheorie entspricht jede Wellenformfamilie einem physikalischen Attribut - einem universalen Quatencode, der der Schlüssel zum Verständnis eines Großteils des seltsamen Verhaltens dieser Theorie ist.

Diesen Ausschluß aber galt es herbeizuführen. Deshalb können wir auch sagen, daß die Welle eine statistische Welle geworden ist. Diese Umwandlung ist durch die Integration der Aussagen, die wir über sie machen konnten, in sie entstanden, aus einer, wenn man so will, »Einwanderung« der Theorie in ihren Gegenstand. Daß dadurch dieser Gegenstand verändert wird, versteht sich von selbst. Nichts anderes meine ich, wenn ich von einer *selbstorganisierten Theorie* spreche, oder daß selbstorganisierte Theorien statistische Gegenstände herstellen und deswegen das Verhalten von Gegenständen vorhersagen können.

Ich möchte diesen wichtigen Schritt, mit dem es der Quantenmechanik gelingt, einen statistischen Gegenstand herzustellen, graphisch verdeutlichen. Dabei gehe ich von einer Repräsentation eines Ausgangsobjekts aus, die ihm noch äußerlich bleibt (wir kennen sie schon):

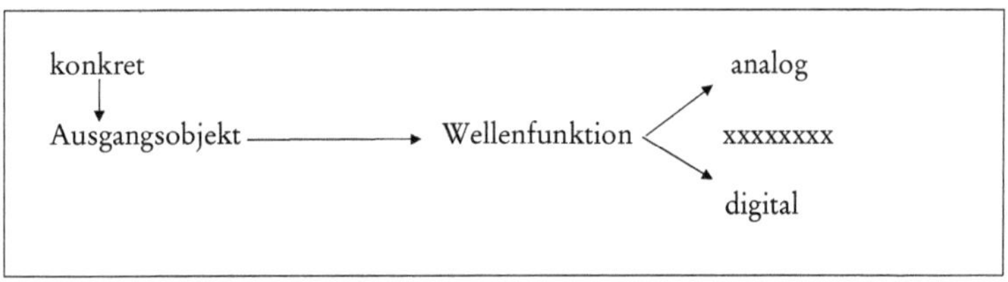

Jetzt schauen wir uns an wie diese Zerlegung eines Ausgangsobjekts, die ihm äußerlich bleibt, in es hineinfällt:

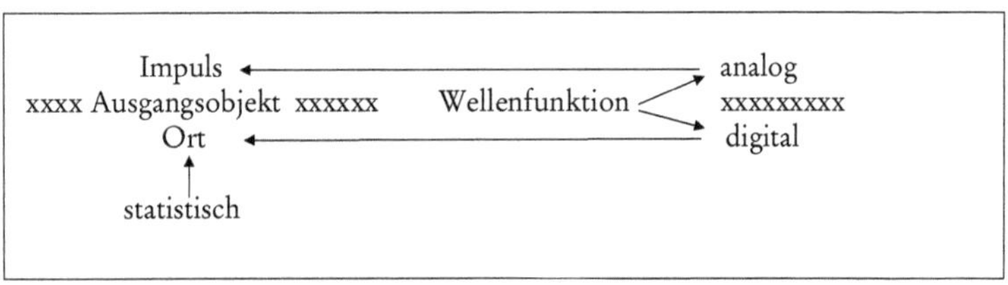

Auf diese Weise ist das Ausgangsobjekt selber zu einem jener seltsamen Zwitterwesen geworden, die aus sich widersprechenden Eigenschaften bestehen. Sein digital repräsentierter Aufenthaltsort paßt in keiner Weise zu seinem analog repräsentierten Impuls und umgekehrt. Wir können auch sagen, daß ein konkretes Ausgangsobjekt statistisch geworden ist, weil es aus Attributen aufgebaut ist, die keinesfalls gleichzeitig existieren können. Denn das war die Bedingung dafür, daß statistische Aussagen über ein Objekt gemacht werden können.

Ich glaube, daß man jetzt verstehen kann, was ich meine, wenn ich von selbstorganisierten Theorien spreche. Unter selbstorganisierten Theorien stelle ich mir Theorien vor, die die Objekte, von denen sie ausgehen, nicht so lassen, wie sie sind. Sie ändern sie. Die Teilchen, die die Quantenmechanik mit ihrer Wellenfunktion behandelt, verwandeln sich im Laufe dieser Behandlung. Sie waren konkret und werden statistisch. Und weil diese Verwandlung dadurch geschieht, daß eine Repräsentationsweise zum Bestandteil dessen wird, was sie repräsentiert, geht sie nicht vom Theoriegegenstand, sondern von der Theorie aus. Theorien können ihr Objekt verändern. Sie schleusen sich in dieses ein.

Von hier zu der Annahme, daß diese Theorien deshalb selbstorganisiert sind, ist es nicht mehr weit. Was aber wird bei dieser Rückwendung der Theorie auf das, wovon sie handelt, hergestellt? Die Antwort ist einfach. Indem Theoriemomente in den Objekten angesiedelt werden, von denen die Theorie ausgegangen ist, schließt sie sich mit sich selbst zusammen. Sie löst einen ihr fremden Ausgangspunkt auf und macht ihn sich, wenn man so sagen kann, vertraut. Sie trifft sich in ihm. Und weil dieses Treffen mit sich selbst genau das ist, was diese Theorie als Theorie definiert, ist sie eine sich selbst organisierende Theorie. Und weil während dieser Selbstorganisation einer Theorie konkrete Objekte zu statistischen werden, ist die Selbstorganisation zugleich die Erklärung für die Prognosefähigkeit der Theorie. In klassischer Deduktion kann man sich diesen Zusammenhang deutlich machen: Das Verhalten statistischer Gegenstände kann man voraussagen. Selbstorganisierte Theorien erzeugen statistische Gegenstände. Selbstorganisierte Theorien sagen das Verhalten ihrer Gegenstände voraus.

Ja, es ist eine Art Knoten, in dem die Selbstorganisation einer Theorie zugleich mit ihrer Prognosefähigkeit entsteht. Ihn müssen wir uns immer wieder vor Augen halten, wenn wir auf die Frage antworten wollen, warum die Quantenmechanik das Verhalten ihrer Gegenstände voraussagen kann. Weil sie selbstorganisiert ist, kann sie das Verhalten ihrer Gegenstände voraussagen. Und weil das nur ein Teil des angedeuteten Knotens ist, können wir auch sagen: Weil die Selbstorganisation einer Theorie konkrete in statistische Objekte verwandelt. Das alles sind Facetten eines Prozesses. Eine Theorie verändert ihr Objekt. Deshalb ist diese Theorie nicht länger fremd-, sondern selbstbestimmt. Und weil sich die Veränderung als »Statistifizierung« des Gegenstands beschreiben läßt, liegt in der Selbstbestimmung einer Theorie auch ihre Kraft zur Prognose, die es zu erklären galt. Hier nochmals die Gleichung, um die es geht:

PROGNOSE ⟶ STATISTISCHES OBJEKT

\+

SELBSTORGANISIERTE THEORIE ⟶ STATISTISCHES OBJEKT

=

SELBSTORGANISIERTE THEORIE ⟶ PROGNOSE

2. *Die praktische Ausführung: Quantenzerstörmessung*

Halten wir hier einen Augenblick inne und überlegen, was uns nun zur Verfügung steht. Da gibt es eine Wellenfunktion, in der unterschiedliche Eigenschaften von Objekten ausgedrückt werden können. Bemerkenswert ist die Art und Weise, wie das geschieht. Die Attribute, die der Wellenfunktion eingegliedert werden, gehören alle zu einem Objekt und widersprechen sich doch. Dieser Widerspruch stammt nicht vom Gegenstand. Dieser Widerspruch entsteht durch die Eingliederung seiner Eigenschaften in die Wellenfunktion. Wie das geschieht, habe ich beschrieben. Warum das geschieht auch: durch die komplementäre Repräsentation konkreter Attribute wird aus einam wirklichen ein statistisches Objekt. Dieses statistische Objekt bildet sich in der Wellenfunktion. Sie steckt dadurch den Rahmen für Prognosen ab. Soweit so gut. Wie aber gelangt das statistische Objekt, das doch bloß eine Repräsentationsform ist, zurück in die Realität? Aus ihr entnommen und in Puls- bzw. Sinuswellen zerlegt, gibt seine Wellenfunktion seine möglichen Verhaltensweisen an. Ich habe gesagt, daß sie sie richtig angibt. Das aber kann nur heißen, daß diese Angaben sich überprüfen lassen. Damit aber ist schon angedeutet, wo wir die Antwort auf die Frage nach der Realität der statistischen Objekte, deren Verhalten die Quantenmechanik vorhersagt, suchen müssen. Sie ist dort zu finden, wo die Voraussagen der Quantenmechanik überprüft werden. Diese Prüfung muß entscheiden.

Was bedeutet das? Wohl doch, daß der Weg von der theoretischen Voraussage des wahrscheinlichen Verhaltens atomarer Teilchen über die Messung zu ihrem wirklichen Verhalten führt. Die Messung überprüft die Voraussagen der Quantenmechanik und damit deren Richtigkeit. Womit wir bei einem weiteren zentralen Problem der Quantentheorie sind, dem Quantenmeßproblem.

Auf den ersten Blick soll sich in der Messung die Voraussage über das wahrscheinliche Verhalten atomarer Teilchen verifizieren, Anders gesagt: die Prognose soll sich bewahrheiten. Dazu ist es unbedingt notwendig, daß das Herzstück der Wellentheorie, das diese Voraussage überhaupt möglich gemacht hat, irgendwie von der Theorie in die Praxis transportiert wird. Die Wellentheorie arbeitet mit statistischen Gegenständen, denn nur für sie können Voraussagen gemacht werden. Die Wellentheorie erzeugt statistische Gegenstände, indem sie die Eigenschaften dieser Gegenstände so arrangiert, daß sie nicht simultan konkretisiert werden können. Auf diese Weise ist gewährleistet, daß die Berechnung des Verhaltens eines Attributs die gleichzeitige Berechnung des Verhaltens eines anderen Attributs ausschließt, daß sich das berechnete Objekt wie ein statistisches Objekt verhält.

Das ist die Ausgangslage. Das ist, wenn man so will, das eine Ufer. Auf der anderen Seite stehen Meßapparate bereit, die die Rechnungen der Wellentheorie nachprüfen. Wie aber kann man statistische Voraussagen über ein wahrscheinliches Verhalten atomarer Teilchen nachprüfen? Indem man deren statistisches Verhalten mißt. Wenn wir jetzt fragen, wie man so etwas macht, wird es nicht schwieriger - nicht in der Quantentheorie. Und zwar weil es in der Quantentheorie eine bestimmte Form der Messung gibt, die unmittelbar zum statistischen Verhalten der gemessenen Größe Zugang hat. Wenn wir uns daran erinnern, wodurch der statistische Charakter eines Objekts definiert wird, sehen wir schnell, worauf es dabei ankommt.

Statistische Körper dürfen stets nur ein bestimmtes Spektrum ihrer Eigenschaften realisieren, weil sie sonst konkret und das heißt in unserem Fall, nicht prognostizierbar sind. Eine Messung, die zum statistischen Verhalten ihres gemessenen Gegenstands ein besonderes Verhältnis haben soll, muß also diese Beschneidung seiner möglichen Eigenschaften wiederholen. Genau das geschieht in der Quantenmechanik. Die Meßform, die sie ausgebildet hat und bis heute bevorzugt, ist die sogenannte Quantenzerstörmessung. Wobei der Name schon sagt, daß sie nicht nur bestimmt und verifiziert, sondern auch negiert. Dabei ist das, was sie negiert, genau das, was schon in der Wellentheorie aus leibhaftigen Objekten statistische Objekte gemacht hat. Das meinte ich, als ich auf die besondere Korrespondenz zwischen ihr und quantenmechanischen Messungen anspielte. In einem Satz: Quantenzerstörmessungen realisieren den wechselseitigen Ausschluß der konkreten Attribute ihres Gegenstands.

Und weil auf diesem Ausschluß die Voraussagen der Wellenfunktion beruhten, liegt hier das Geheimnis ihrer Verifikation. In der Quantenzerstörmessung beweist sich die Wellentheorie atomarer Ensembles, die Quantenzerstörmessung ist, so gesehen, eine erste Selbstverstärkung dieser Theorie. Damit will ich sagen, daß die Theorie auf das Verhalten des Gegenstands, von dem sie gilt, übergegriffen hat. Dieser Übergriff ist nicht theoretisch erfolgt - dann wäre es keiner. Dieser Übergriff war praktisch.

Was ist eine Quantenzerstörmessung? Eine vorläufige Antwort habe ich schon gegeben: Sie wiederholt den Ausschluß von Attributen, mit der die Wellenfunktion ihre statistischen Körper erzeugt. Das wollen wir uns da anschauen, wo es geschieht.

Um einen Gegenstand messen zu können, müssen wir wissen, wo er ist. Gewöhnlich verraten uns Gegenstände ihren Aufenthaltsort, indem sie Licht reflektieren. Dieses Licht kann man bündeln und verstärken. So funktioniert beispielsweise ein Mikroskop. Teilchen sind kleine Gegenstände. Ja, sie sind so klein, daß es Zweifel an ihrer materiellen Existenz gibt. Jedenfalls so lange, bis wir sie sehen. Das hat Heisenberg zu seiner berühmten Aussage gebracht, daß die Bahn dieser winzigen Objekte erst durch unsere Beobachtung entsteht. Damit hat er auf jene Kleinheit von Atomteilchen angespielt, die wir gerade messen wollen.

Das Quantenmeßproblem

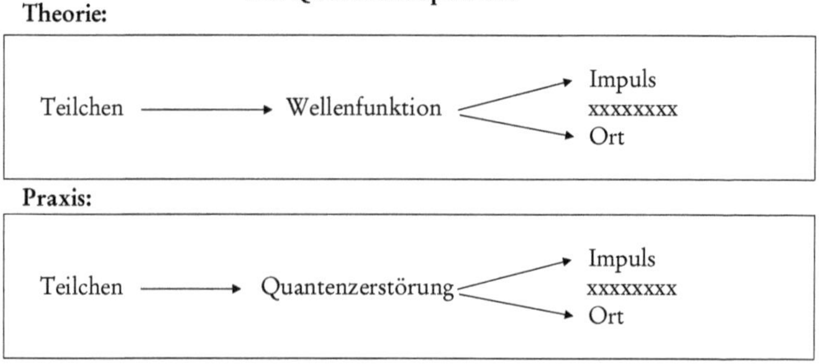

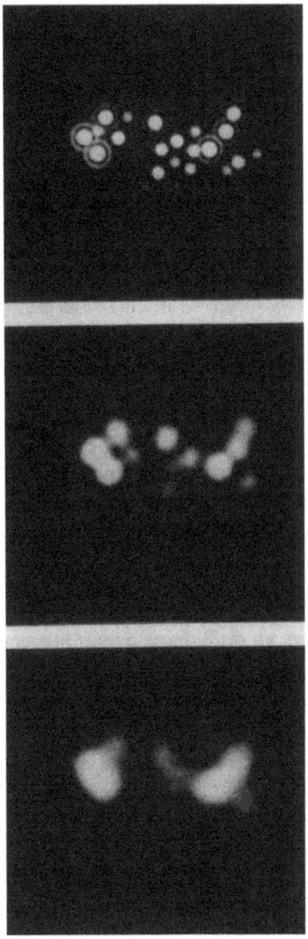

Wie das Bild der Elektronen durch Beugung unscharf wir. Wellen von kurzer Länge zeigen, wo die Elektronen sich befinden, doch werden diese durch die Wellen so sehr gestört, daß wir nicht vorhersagen können, wo sie sich befinden werden. Lichtwellen von mittler Länge liefern ein weniger scharfes Bild, dafür stören sie jedoch die Elektronen nicht so stark. Langwelliges Licht ergibt ein völlig unscharfes Bild, so daß wir gar nicht erkennen können, wo die Elektronen sind. Dafür bleiben sie aber annähernd an Ort und Stelle.

Eigentlich mißt man Atomteilchen nicht viel anders als gewöhnliche Objekte: man wirft Licht auf sie. Allerdings gibt es einen Unterschied, der sich auf die Art und Weise, in der hier Licht »geworfen« wird, bezieht. In der Quantenmechanik, und das macht den Unterschied aus, nimmt man diesen Vorgang wortwörtlich. Eine Quantenmessung wirft mit Photonen nach Teilchen. Anders gesagt, in der Mikrophysik verwischt sich die Differenz zwischen dem beobachteten und beobachtenden System. Bohr hat das einmal recht vornehm ausgedrückt und davon gesprochen, daß die Wechselwirkung zwischen Meßgerät und Objekt »in die Phänomene eingeht«. Es ist wohl kein Zufall, daß diese, wenn man so will, Einwanderung der Messung ins Gemessene an den Trick gemahnt, mit dem die Wellenfunktion die Gegenstände, von denen sie gilt, in sich hineinholt. Hier wie dort wird die Distanz zwischen Theorie und Theoriegegenstand bzw. zwischen Messung und Meßgegenstand aufgelöst. Hier wie dort kommt dasselbe dabei heraus: ein statistischer Körper. Das Eingehen der Wechselwirkung in die Phänomene, von dem Bohr spricht, hat nämlich eine dem Eingehen der Attribute in ihre Wellenfunktion entschieden verwandte Seite, die sich als Unschärfe des Phänomens bemerkbar macht. Und wenn wir uns daran erinnern, daß diese Unschärfe stets ein anderes Wort für einen nicht konkret, eben nicht scharf realisierten Körper gewesen ist, stehen wir da, wo sich die Quantenmessung mit der Wellenfunktion identifiziert.

Ein unscharfer Körper ist ein Körper, dem von beispielsweise zwei Eigenschaften eine fehlt. Dieses Fehlen macht ihn nur teilweise bestimmt, dieses Fehlen verhindert, daß er konkret wird, dieses Fehlen hält ihn statistisch. Sehen wir uns jetzt an, wie die Quantenmessung das erreicht.

Ich sagte schon, daß sie mit Lichtteilchen nach anderen Teilchen wirft. Wenn sie trifft, werden diese Teilchen sichtbar. Das geht nicht ohne Kratzer und Schrammen ab. Deshalb wird das Werfen mit Teilchen nach Teilchen auch Zerstörmessung genannt. Was wird zerstört? Im Extemfall das sichtbar gewordene Teilchen selbst. So geschieht es in den großen Beschleunigern, in der Hochenergiephysik. Doch so weit brauchen wir nicht zu gehen, um den statistischen Charakter einmal gemessener Quanten zu verstehen. Es reicht vollkommen aus, daß eine Quantenmessung, die den Ort des gemessenen Teilchens bestimmt, dessen Impuls, dessen Bewegungsrichtung unbestimmt macht. Dieser Zusammenhang bildet den, sagen wir einmal, »Schubs« ab, den eine Quantenzerstörmessung auch in ihrer sanftesten Spielart so lange erteilt, wie sie den Aufenthaltsort eines atomaren Körpers exakt erfaßt. Natürlich kann man diesen störenden Einfluß beliebig minimieren und statt des Ortes auf diese Weise das Bewegungsspektrum des Teilchens ausmessen. Beides zusammen aber geht nicht. Entweder Ort oder Impuls - so lautet die Unschärferelation der Quantenmechanik, die aus ihren Messungen folgt.

Damit haben wir die Verbindung zwischen Wellenfunktion und Quantenmessung hergestellt. Letztlich äußert sie sich darin, daß beide ihre Gegenstände zu statistischen Gegenständen machen. Das hat Heisenberg angesprochen als er in der »Ungenauigkeit« den

»eigentlichen Grund für das Auftreten statistischer Zusammenhänge in der Quantenmechanik« ausgewiesen hat. Daß diese Ungenauigkeit für ihn daraus folgt, daß »konjugierte Größen simultan« nicht anders bestimmt werden können, zeigt, wie eng auch in seiner Sprache statistische Körper mit widersprüchlich konstruierten Körpern in Verbindung stehen.

Ich möchte nun auf meine Behauptung zurückkommen, daß die skizzierte Quantenzerstörmessung eine erste Anwendung einer selbstorganisierten Theorie ist. Andeutungen in diesem Sinne stammen von Niels Bohr und Werner Heisenberg, die stets davon abgeraten haben, in der Quantenmessung und ihrer Störung des zu messenden Objekts die letzte Ursache für die Unschärferelation zu sehen. Wie soll man das verstehen? Schließlich macht doch die Quantenmessung ihren Gegenstand undeutlich und unscharf. Verkürzt könnte man sagen, daß darin schon die Antwort liegt. Weil sich die Quantentheorie damit, und auch das stammt von Heisenberg, »abgefunden« hat, »das Ergebnis eines Experiments« vorauszusagen, hat sie sich mit der Verifikation von Wellenfunktionen begnügt. Denn das ist es, was Quantenzerstörmessungen können! Also müssen Bohr und Heisenberg auf die Relativität dieser Meßform angespielt haben, als sie die Unschärferelation nicht nur auf das Messen zurückführen wollten. Wenn Quantenzerstörmessungen statistische Körper und deswegen Unschärfen erzeugen, Messungen aber nicht generell der Grund für statistische Körper und deren Unschärfen sind - dann gibt es, und das liegt hinter den Äußerungen Bohrs und Heisenbergs, möglicherweise noch andere Messungen. Als Ursache der Unschärfe bleibt so zwar die Quantenzerstörmessung bestehen, jedoch weniger weil sie mißt, sondern weil sie auf eine bestimmte Art mißt.

Wenn sie so mißt, weil sie damit die Wellenfunktion verifiziert, kann das jetzt nur noch heißen, daß diese Verifikation und eben nicht die Messung als Messung hinter dem statistischen Charakter der Quantengegenstände steht.

Auf diese Weise kommt man in nachgerade klassischer Deduktion zu dem Ergebnis, daß die Wellenfunktion der eigentliche Grund für die Unschärfe quantenmechanischer Objekte ist, daß *sie* es ist, die sich über eine bestimmte Art der Messung in ihnen niederschlägt. So aber verstärken sich Theorien.

Womit ich bei der Wiederholung meiner Behauptung bin, daß die Verifikation der Wellenfunktion durch Quantenzerstörmessungen der ersten Selbstverstörung einer selbstorganisierten Theorie entspricht. Ich glaube, daß es sich lohnt, auf dieses Zusammenspiel noch näher einzugehen.

Wir haben gesehen, daß in der Quantenmechanik eine ganz besondere Meßform vorherrschend ist. Sie trägt den Namen Quantenzerstörmessung und heißt so, weil die Bestimmungen, die sie vornimmt, nicht ohne Auswirkung auf den bestimmten Gegenstand bleiben. Daß in dieser Meßform mehr steckt, als auf den ersten Blick zu sehen ist, wird aus den Warnungen ersichtlich, die Bohr und Heisenberg gegen eine Reduktion der Unschärferelation auf die Quantenmessung ausgesprochen haben. Dabei ist der Zusammenhang zwischen Quantenzerstörmessung und Unschärferelation unübersehbar. *Sie* ist es ja gerade, die die Bestimmung eines atomaren Gegenstands an die gleichzeitige Unbestimmtheit desselben koppelt. Wenn also, und das sagen Bohr und Heisenberg, die Messung im allgemeinen die Unschärfe ihres Objekts nicht bedingt, kann das nur heißen, daß es die Quantenzerstörmessung im besonderen tut. Dadurch erhält sie einen ausgezeichneten Status. Denn daß man anders messen könnte, steht außer Frage: Da führt zum Beispiel der russische Forscher Wladimir Braginski ganz gezielt sogenannte Quantenmechanische Nichtzerstörmessungen durch. So etwas gelingt ihm, indem er keine komplementären Attribute des von ihm beobachteten Systems bestimmt, sondern andere. Neben Lage und Impuls eines quantenmechanischen Objekts, jenen Attributen, deren simultaner Bestimmung eine unhintergehbare Schranke gesetzt ist, verfügt es über weitere Attribute, zwischen denen nicht unbedingt ein Ausschließungsverhältnis besteht. Und nicht nur das. Man könnte sich sogar Mischungen von Attributen vorstellen, die halb aus Orts- und halb aus Impulsbestimmungen bestehen. Solche vermengten Eigenschaften hat man »gequetschte Zustände« genannt. Besonders interessant sind sie, weil ihre Bestimmung die Unschärferelation in einem gewissen Sinne schon enthält und so keine Auswirkungen auf andere Eigenschaften des Objekts mehr haben kann.

Wie dem auch sei. Nicht ausschließende oder gequetschte Attribute mag es geben oder nicht - die Voraussagen über das wahrscheinliche Verhalten ihres Gegenstandes sind nicht aus ihnen deduzierbar. Damit aber kommen wir auf den entscheidenden Zusammenhang zwischen Quantenzerstörmessung und Wellenfunktion zurück. Weil die Wellenfunktion eine Voraussage über das statistische Verhalten eines Teilchens macht, muß eine Messung, die sie überprüft, das statistische Verhalten von Teilchen zum Gegenstand haben. Und weil sich dieser statistische Charakter eines Teilchens ausschließlich bei Quantenzerstörmessungen ergibt, können nur diese Art von Messungen Voraussagen der Wellenfunktion überprüfen.

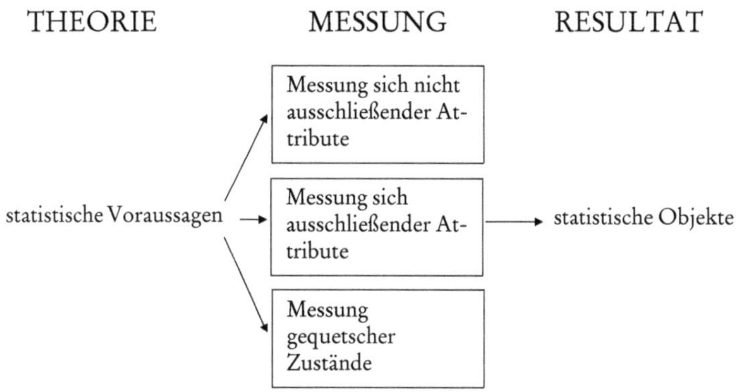

Ich glaube, daß wir nur über den innigen Zusammenhang, der zwischen Wellenfunktion und Quantenzerstörmessung herrscht, jene seltsame Distanz verstehen können, die Heisenberg und Bohr dazu geführt hat, die Unschärfe nicht auf die Messung im allgemeinen zurückzuführen. Unschärfe und Statistik folgen aus einer Meßpraxis, die einer theoretischen Vorgabe weit eher gilt, als dem Interesse an der Analyse eines vorliegenden Objekts. Deshalb ergibt sich die Unschärferelation »ausschließlich aus der Wellenform/Attribut-Beziehung und hat nichts mit der unvermeidbaren Störung des Systems durch die Messung zu tun«. Oder um es mit Roman Sexl zu sagen: »Die Unbestimmtheitsrelation wird als allgemeine Eigenschaft beliebiger Wellenfunktionen bewiesen«, von einem Eingriff des Beobachters oder einer unkontrollierbaren Störung kann keine Rede sein.

Damit ergibt sich ein paradoxer Zusammenhang. Quantenzerstörmessungen verbinden eine theoretische Vorgabe mit der Realität, von der diese Vorgabe gilt. Und da diese Vorgabe nur von einer ganz bestimmten Realität, einer statistischen nämlich, gilt, muß zuerst einmal eine solche Realität erzeugt werden. Ich habe gezeigt, daß das die Aufgabe der Quantenzerstörmessung ist. Sie stellt eine Wirklichkeit her, von der die Prognosen der Wellenfunktion gelten können. Also, und damit komme ich zu dem angesprochenen Paradox, ergibt sich als einer konkreten Quantenzerstörmessung gerade keine nähere Bestimmung des gemessenen Objekts. Quantenzerstörmessungen bestimmen theoretische Aussagen über Objekte und nicht diese selbst.

Daraus aber folgt, daß Quantenzerstörmessungen nicht der Bestimmung atomarer Teilchen gelten, sondern der Verifikation einer statistischen Aussage über sie. Aus dieser Verschiebung, die nicht in der Theorie, sondern in der Praxis selber geschieht, resultiert jener seltsame Wechsel des Geltungsbereichs auch und gerade der quantenmechanischen Forschung. Er mag der Grund für die immer wiederkehrende Beteuerung sein, daß die Quantentheorie nicht die Natur darstellt, sondern, wie Heisenberg sich ausgedrückt hat, »unsere Kenntnis von ihr«. Daß Einstein gerade hier ausgestiegen ist und darauf beharrt hat, »die Dinge selbst darzustellen«, deutet einen Konflikt von Theorieformen an, der uns noch ausführlich beschäftigen wird.

So kommt es, daß die Unschärfe der Objekte, die aus Messungen folgt, nicht auf diese Messungen verweist, sondern auf ein Interesse, das hinter ihnen steht. Sie sollen die Voraussagen der Wellenfunktion, sie sollen Voraussagen über Natur verifizieren und nicht diese Natur selbst. Und weil Aussagen über etwas, sobald sie nur ein wenig systematisiert sind, von uns Theorien genannt werden, steht im Mittelpunkt einer Quantenzerstörmessung nicht das Objekt der Messung sondern dessen Theorie. Sie wird überprüft und verifiziert. In Quantenzerstörmessungen, die bis in den explosiven Nahkampf der Atomzertrümmerung getrieben worden sind, bewahrheitet sich eine Theorie. Wir können auch sagen, daß sie sich darin selbst verstärkt.

Und wir lernen etwas Neues über selbstorganisierte Systeme. So verblüffend und faszinierend es ist, daß wir mit ihnen die Zukunft voraussagen können - wir zahlen dafür einen hohen Preis. Dieser besteht darin, daß sich selbstorganisierte Systeme, wie schon ihr Name sagt, auf sich selbst beziehen. In diesen »Inner Circle« integrieren sie alles. Auf der einen Seite erwächst ihnen daraus ihre Kraft zur Prognose. Schließlich bildet sich die wichtige Modifikation eines Gegenstands zu einem statistischen und also voraussagbaren Gegenstand als Einbezug in eine selbstorganisierte Theorie aus. Auf diese Weise entwickeln selbstorganisierte Systeme aber auch eine Eigendynamik. Zugegeben, das hört sich merkwürdig an. Doch sprechen nicht die Warnungen Heisenbergs und Bohrs eine deutliche Sprache? Sie verweisen auf das theoretische Gerüst der Quantenrnechanik, wenn sie jene Störung der atomaren Gegenstände erklären wollen, die aus den Messungen zu resultieren scheint. Und die doch so überaus genau zu dem paßt, was die Wellenfunktion als selbstorganisierte Theorie vorgegeben hat! Das ist der Kreis, der Zirkel, den ich meine.

Ja, es gibt Theorien, die zu bestimmten Segmenten des Lebens einen hervorragenden Zugang haben - und es gibt eine Eigendynamik dieser Theorien. Es steht mir fern, für jede erdenkliche Theorie eine solche Eigendynamik anzugeben. Für selbstorganisierte Theorien liegt sie auf der Hand. In einer Messung, die von einer selbstorganisierten Theorie ausgeht, verifiziert sie sich und sonst nichts. Damit deutet sich zum ersten Mal an, daß Theorieformen ganz bestimmte praktische Ergebnisse vorgeben können. Wir müssen eben nicht nur beachten, ob wir die Meßanordnung richtig gewählt haben, ob Störfaktoren existieren oder nicht. Wir müssen zuerst einmal beachten, welche Art von Theorie eine Messung überprüfen soll. Wenn diese Theorie selbstorganisiert ist, besteht die Gefahr, daß die Messung, daß das Meßergebnis nur ein Teil von ihr ist. Ich habe schon gesagt, daß sich das seltsam anhört. Doch könnte es nicht sein, daß jenes rätselhafte Staunen, mit dem die Quantenmechaniker das blendende Funktionieren ihrer eigenen Disziplin bis heute begleiten - ein Reflex dieser Einfl1ußnahme der Theorie auf die Praxis ist? In ihm grenzen sie das, was sich so seltsam anhört, grenzen sie den Selbstverstärkungseffekt ihrer Theorie aus.

Um diese Vermutung zu belegen möchte ich im folgenden Kapitel weiteres Material zur Selbstverstärkung sammeln.

Selbstverstärkung

1. *Mehrfachwelten*

Wie verstärken sich selbstorganisierte Theorien? Um diese Frage zu beantworten, stelle ich eine einfache Überlegung an. Wenn es stimmt, daß selbstorganisierte Theorien die Objekte verändern, die sie behandeln, stellen sie in gewisser Weise neue Objekte her. Wir haben gesehen, daß sich diese Objekte von den Objekten unterscheiden, die uns gewöhnlich umgeben. Sie sind anders. Daraus folgt, daß sie nur bedingt in die Umgebung passen, die wir anzubieten haben. Sie fallen aus der uns bekannten Umwelt heraus. Das ist die einfache Überlegung, von der ich sprach.

Was hat sie mit der Selbstverstärkung einer Theorie zu tun? Eine Theorie, die Objekte produziert, die nirgendwo passen, ist keine glaubwürdige Theorie. Was wird sie also tun? Sie sucht eine Paßform. Entscheidend dabei aber ist, daß sie sich in dieser Paßform, die zu ihren Objekte paßt, selber konsistent macht. Denn nur wenn es eine solche Paßform gibt, kann es auch die Objekte geben, die die in Frage stehende Theorieform schafft. In der auf ihre Objekte zugeschnittenen Paßform beglaubigt sich eine selbstorganisierte Theorie. In ihr gibt sie sich und ihren Gegenständen Halt.

Fragen wir jetzt, was das denn sein soll, eine Paßform? Ganz allgemein geantwortet repräsentiert die Paßform einen Weltentwurf. Eine selbstorganisierte Theorie entwirft ihren Objekten eine Welt, die zu ihnen paßt. Und weil sie das nicht nur für ihre Objekte tut, sondern auch für ihre eigene Glaubwürdigkeit, ist es diese neue Welt, mit und in der sie sich selbst verstärkt. Ich möchte jetzt darstellen, was es mit dieser neuen Wirklichkeit in der Quantenmechanik auf sich hat.

Bis jetzt kennenn wir zwei Elemente der Quantenmechanik: die Wellenfunktion und die Quantenzerstörmessung. Auf je eigene Weise gehen sie mit ihren Gegenständen um. Dabei ändern sie sie. Fragen wir zuerst nochmals nach der Art dieser Veränderung, um sodann nach jener Wirklichkeit zu fragen, die zu ihr paßt.

Wenn wir mit der Wellenfunktion anfangen, fällt auf, daß sie die Attribute des Gegenstandes, den sie repräsentiert, auf eine sehr merkwürdige Weise arrangiert. Sie enthält sie und schließt sie aus. Da die Wellenfunktion sowohl nach Lage- als auch nach Impulsattributen hin aufgelöst werden kann, gehören beide zu ihr. Diese Partizipation gilt, auch wenn sich die Attribute wechselseitig negieren. Wie auch immer das zu denken sein mag: die Wellenfunktion als solche umfaßt die komplementären Aspekte ihrer Objekte. In ihr sind sie, wie man so etwas nennt, »überlagert«.

Damit vergleiche ich nun die Quantenzerstörmessung. Als erstes ergibt sich, daß eine solche Überlagerung mit Zerstörmessungen unvereinbar ist. Zerstörmessungen schließen mit der Bestimmung einer Eigenschaft jeweils andere Eigenschaften ihres Gegenstandes aus. Eine Bestimmung des Lageattributs verwehrt zum Beispiel eine gleichzeitige Bestimmung des Impulsattributs atomarer Teilchen. Rückbezogen auf die Wellenfunktion ergibt sich ein entscheidender Unterschied. Während die Quantenzerstörmessung immer nur ein Attribut auf Kosten eines anderen Attributs behandeln kann, enthält die Wellenfunktion beide Attribute. Wie sie das macht? Nun, sie läßt sich einmal so und einmal anders auflösen.

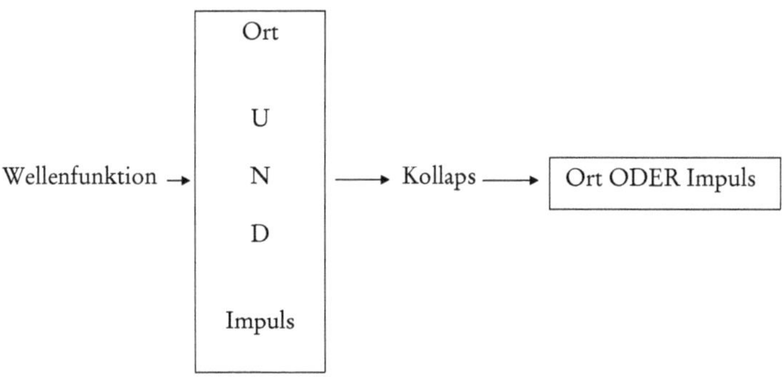

Daher kommt es, daß der Wellenfunktion als solcher eine seltsame Mischung von Objekteigenschaften zu entsprechen scheint: zwar sind sie komplementär, doch folgen sie alle aus ihr. Irgendwie sind sie in ihre Wellenform, obwohl sie sich wechselseitig ausschließen, integriert. Das hat dazu geführt, daß man zwischen Wellenfunktion und Quantenzerstörmessung einen Kollaps geschoben hat: den Kollaps der Wellenfunktion. Er spielt darauf an, daß eine konkrete Messung nie sämtliche Möglichkeiten, die in einer Wellenfunktion enthalten sind, nachprüfen kann. Die Überprüfung einer Möglichkeit schließt andere aus. Das kann nicht heißen, daß diese Vielzahl von Möglichkeiten, die eine Wellenform repräsentiert, weniger wirklich sind als das, was von ihnen schließlich gemessen wird. Ganz im Gegenteil! Lage und Impuls, die sie beide enthält und die erst von der Messung ausgeschlossen werden, sind keine eingebildeten, sondern reale Attribute ihres Gegenstands. So kommt es, daß in der Wellenfunktion in gewisser Weise »mehr« Wirklichkeit steckt als in den Messungen, die sie verifizieren. Darauf spielt der Kollaps an, den eine solche Messung ihrer Wellenfunktion zufügt.

Die mutmaßliche Bedeutung dessen, was ich soeben dargelegt habe, zielt auf einen Wirklichkeitsentwurf. Und in diesem Wirklichkeitsentwurf entsteht das, was wir suchen: eine Welt, die zu den seltsam veränderten Objekten der Quantenmechanik paßt.

Zum Beispiel kann man sich die Wellenfunktion in ihrem unaufgelösten Zustand mit einer Art potentieller Wirklichkeit verbunden vorstellen, in der »Tendenzen« angelegt sind. Diese Tendenzen heben auf die vielen Möglichkeiten ab, die alle in

einer Wellenfunktion enthalten sind, die irgendwie wirkliche Eigenschaften darstellen und sich doch unseren Messungen entziehen. Diese potentielle Wirklichkeit mit ihren Tendenzen hat sich zum Beispiel Heisenberg ausgedacht. Den Kollaps hat er damit nicht vermieden. Er schiebt sich weiter zwischen die Wellenfunktion und ihre Verifikation. Er geschieht, sobald die potentielle Wirklichkeit der ungemessenen, der unbeobachteten Quantenwelt gemessen und registriert wird. Diese Beobachtung macht die Tendenzen wirklich und zwingt ihnen eine Eindeutigkeit auf, die den unterschiedlichen Möglichkeiten einer nicht aufgelösten Wellenfunktion widerspricht.

Wie man dieses Verhältnis von Wellenfunktion und Quantenzerstörmessung auch dreht und wendet, vermeiden kann man das Nadelöhr nicht: unsere Messung kann stets nur einen Teil aller möglichen Voraussagen über das wahrscheinliche Verhalten ihres Gegenstandes realisieren. Und weil das eben nicht heißen kann, daß damit alle anderen Möglichkeiten aufgehört haben zu existieren (schließlich kann man sie berechnen und hätte sie auch überprüfen können, wenn man sich nicht anders entschieden hätte!) – stellt sich die Frage, wo sie geblieben sind.

Gewiß, unsere jeweilige Messung suggeriert uns eine eindimensionale Wirklichkeit, in der gewisse Attribute von gemessenen Objekten andere Attribute negieren. Doch liegt das an diesen Messungen selbst. Will man deren Engführung vermeiden, darf man sich auf sie nicht beschränken. So ungefähr müssen die Überlegungen gewesen sein, die sich einem anderen Quantenmechaniker, die sich Wheeler stellten. Wie aber soll man Quantenzerstörmessungen, die ihr Objekt gleichzeitig bestimmen und stören, mehrmals durchführen? Wie soll man, anders gesagt, den Kollaps der Wellenfunktion vermeiden? Die Antwort, die Wheeler gegeben hat, ist bizarr. Trotzdem ist sie bis heute die einzige geblieben, die den vielen Möglichkeiten, die eine Wellenfunktion repräsentiert, Rechnung trägt: Es gibt nicht nur eine Welt. Jede Messung spaltet die Welt, in der wir leben, auf.

EINE-WELT-MODELL

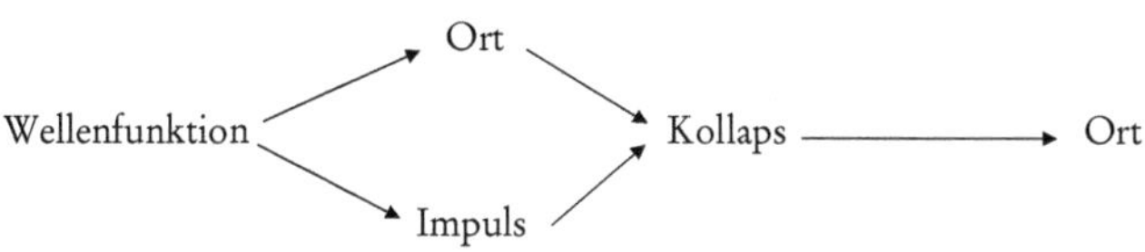

VIELE-WELT-MODELL

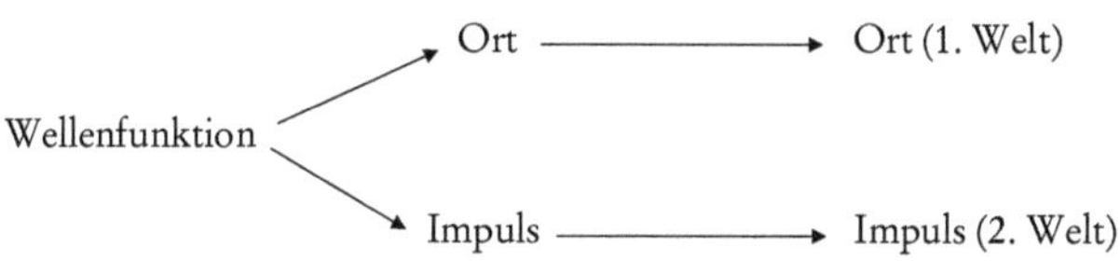

Darüber ist viel diskutiert worden. Und wenn man ehrlich ist, läßt sich nur durch diese Erfindung einer Vielzahl von Welten jene dubiose Realitäisstiftung umgehen, die der Quantenmechanik vorgehalten wird. Sobald eine Messung den Aspekt der Wirklichkeit herausgreift, den sie bestimmt, und andere stört, entscheiden wir mit unserer Art zu messen, über ihn. Hätten wir anders gemessen, hätten wir ein anderes Attribut zum Gegenstand unserer Neugier gemacht, wäre das Universum nicht so wie es ist. So führt jede Quantenzerstörmessung eine Entscheidung in die Feinstruktur der Materie ein. Daß eine solche Sicht der Dinge unbefriedigend ist, leuchtet ein. Doch wie kann man ihr entgehen? Wie kann man vermeiden, daß unsere Messungen darüber entscheiden, welche Aspekte der atomaren Wirklichkeit sich auf Kosten anderer konkretisieren? Wheeler hat eine Antwort gegeben. Ob es die einzig mögliche ist, sei dahingestellt.

Auch Wheeler war klar, daß Quantenzerstörmessungen eine Wahl treffen müssen. Anders als die Wellenfunktion, die sie verifizieren, ist ihr Eingriff in die atomare Welt unumkehrbar. Jeder Lagebestimmung entspricht eine Unschärfe der Impulsgröße und umgekehrt. Deshalb läßt die Wahl, was wir messen, eine Art Signatur zurück. Um sie zu umgehen, um dem Akt der Messung jene Allmacht zu nehmen, die ihn suspekt macht, ist Wheeler auf die Idee verfallen, seinen Einfluß zu relativieren. Natürlich lag das nahe. Doch weil Wheeler die störenden Wirkungen einer Quantenzerstörmessung in seiner Relativierung des Meßaktes nicht beschönigt hat, ist seine Lösung originell. Er hat den Eingriff, den eine solche Bestimmung darstellt, akzeptiert und dennoch jene Realitätsstiftung vermieden, die daraus zu folgen scheint. Wenn wir das im Auge behalten, können wir verstehen, warum man seinen Lösungsvorschlag, daß es mehr als eine Welt gibt, Ernst genommen hat.

Weil er als einziger »das Meßproblem zu lösen scheint, ohne den Meßprozeß willkürlich zu verherrlichen«, ist Wheelers Annahme zahlloser Welten ein »Lieblingsmodell vieler theoretischer Physiker« geworden. Womit wir einen ersten Vorgeschmack darauf bekommen, was geschieht, sobald wir die Wellenfunktion bzw. die Quantenzerstörmessung mit der Wirklichkeit verwechseln, die sie zum Thema haben: im besten Falle Science-Fiction.

Um einer Wellenfunktion gerecht zu werden, die sich ausschließende Möglichkeiten; ihrer Objekte in sich enthält, reicht eine Welt nicht aus. Anders gesagt, die komplementären Attribute der Gegenstände, die eine Wellenfunktion repräsentiert, überborden unsere Wirklichkeit. Diese Wirklichkeit hat keinen Raum für Eigenschaften, die sich wechselseitig negieren. Wäre das anders, könnten wir gleichzeitig groß und klein, sonnengebräunt und hellhäutig sein. Genau das aber verlangt eine Wellenfunktion von der Welt, die ihr entspricht. Ort und Impuls eines Objekts sind schließlich beide real und werden dadurch, daß sie komplementär angeordnet sind, nicht illusionär. Was also tun, wenn nur eine Welt zur Verfügung steht? Nun, die Antwort kennen wir schon.

Dabei ist die Verwechslung, die hier zugrunde liegt, einfach zu finden. Die statistische Zurichtung eines Gegenstandes steht hinter seiner Wellenfunktion. Aus ihr folgt die komplementäre Anordnung seiner Eigenschaften und nicht etwa aus ihm.

Das kann nicht oft genug wiederholt werden. Der Voraussage des wahrscheinlichen Verhaltens atomarer Objekte geht es nicht um seine konkreten Merkmale. Sobald man das vergißt und die statistische »Natur« auf die Wirklichkeit bezieht, kommt es zum Kurzschluß. Wozu gab es denn die sich wechselseitig ausschließenden Eigenschaften eines Gegenstands? Um sicherzustellen, daß er nicht konkret existiert und dadurch statistische Aussagen sinnlos macht. Jetzt hinzugehen und diese Nicht-Aussage gerade als Aussage, nämlich als Metapher für konkrete Objekte, zu lesen, macht den Widersinn in den geschilderten Denkbildern aus.

Viele-Welten-Theorie und eine Messung, die Realität stiftet, das sind die ersten Abkömmlinge eines derart falsch verstandenen Geltungsbereichs. Nun kann man sich fragen, woher diese Verwechslung kommt. Sicher geschieht sie nicht, weil das, was sie verursacht, furchtbar kompliziert wäre. Mein Verdacht ist denn auch ein ganz anderer. Was geschieht in der angedeuteten Verwechslung? Sie bildet die Modifikationen, die eine Statistik den Gegenständen zufügt, von denen sie gilt, auf diese Gegenstände ab.

Anders gesagt, sie versucht, einen »statistifizierten« Gegenstand real zu verstehen. In seiner Viele-Welten-Theorie hat sich Wheeler beispielsweise ein Universum ausgedacht, das solche statistische Objekte beheimaten kann. Da ich nicht glaube, daß man eine derart halsbrecherische Vorstellung freiwillig veranstaltet und auch die Fakten, die sie umzusetzen versucht, so verwickelt nicht sind, gibt es eigentlich nur noch eine Erklärung dafür. Es handelt sich um die Selbstverstärkung einer Theorie.

Ist es der statistische Charakter atomarer Ensembles, der sich selbst verstärkt, indem er für eine Welt sorgt, die ihn aushalten kann, wird das kein Zufall sein. Schließlich gibt diese statistische Erscheinungsform die Möglichkeitsbedingung quantenmechanischer Voraussagen ab. Damit aber schließt sich der Kreis und wir können sagen, daß sich die Quantenmechanik selber verstärkt, indem sie ihren statistischen Objekte eine Heimat verschafft. Sie steht hinter den Mehrfachwelten.

Die Mehrfachwelt ist eine erste Antwort auf die Frage, wo und wie die von der Quantenmechanik veränderten Objekte existieren können. Damit bestätigt sich der Zusammenhang, den ich angenommen habe. Er bezog sich auf die Selbstverstärkung selbstorganisierter Theorien und lautete so: da die Objekte selbstorganisierter Theorien eine Wirklichkeit benötigen, die von unserer abweicht – erfinden sie ihnen eine neue Wirklichkeit. In dieser Wirklichkeit geben sie ihren Gegenständen eine Heimat und beglaubigen sich selbst. Diese Wirklichkeit, das ist die Selbstverstärkung einer selbstorganisierten Theorie. In ihr schließt sie sich mit sich und ihren Wirkungen zusammen. Das allein ist der Grund, warum uns diese Wirklichkeit so fremd, ja so bizarr erscheint.

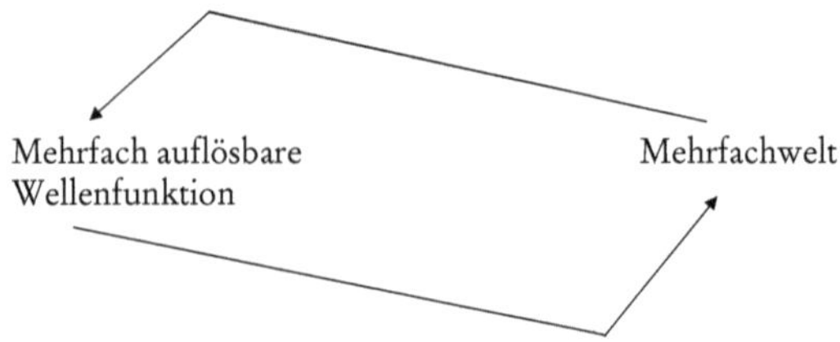

2. *Die Kopenhagener Deutung*

Wheelers Vorstellung vieler Welten ist eine Reaktion darauf, daß wir die Integration unserer experimentellen Praxis in ihr Ergebnis unschön finden. Wenn es eine Wellenfunktion gibt, die sich in einer Welt immer nur teilweise realisieren läßt, weil sich ihre Eigenschaften ausschließen, muß es mehr als eine Welt geben. Auf diese Weise hat Wheeler der Messung die darüber entscheidet, welche Eigenschaft einer Wellenfunktion wir auf Kosten anderer ins rechte Licht setzen, ihre Allmacht genommen. Sie hat nur über einen kleinen Zweig in einem ganzen Dickicht von Möglichkeiten entschieden. Mag er auf sie zurückgehen, bleibt er doch unbedeutend und klein. Natürlich hat man das nicht nur originell gefunden. Man hat sich auch darüber lustig gemacht. Man hat zum Beispiel auf die große Verantwortung verwiesen, die Wheeler damit jedem Experimentator aufbürdet. Sorgfältigst sollte er seine Entscheidung, ein atomares Ensemble zu überprüfen, abwägen, hängt doch von seinem Entschluß eine weitere garbenförmige Verzweigung des Universums ab.

So kommt es, daß auch Wheelers Idee, von der er ausgegangen ist und die auf eine Relativierung der unvermeidbaren Meßstörungen abzielt, nur bedingt gelungen ist. Die Störungen setzen sich anderswo durch. Zwar sind sie nicht für den Kollaps einer Wellenfunktion, wohl aber für die schlagartige Ausweitung der Welt, die uns umgibt, verantwortlich. Wir können wählen, was uns lieber ist.

Es ist nicht verwunderlich, daß andere Quantenmechaniker angesichts einer solchen Alternative, die zwischen Division und Multiplikation von Weltzuständen schwankt, die Flucht nach vorne angetreten haben. Wenn es sowieso nicht gelingt, die Wirkungen der Messung aus dem herauszuhalten, was sie mißt, muß man sich damit arrangieren. Und weil es dafür gute, weil experimentell induzierte, Gründe zu geben scheint, sehen wir uns dieses Arrangement und die Welt, die aus ihm folgt, jetzt näher an.

Worum geht es? Es geht um den Versuch, die Verwandlung von Objekten in statistische Objekte, die während ihrer Messung geschieht, nicht als Störung zu verstehen. Damit nähern wir uns der sogenannten Kopenhagener Deutung der Quantenmechanik, damit nähern wir uns ihrer heute allgemein anerkannten, ihrer orthodoxen Auslegung.

Was sie ausmacht, ist schnell gesagt: Außer der Welt, die sich in der Interaktion zwischen mikrophysikalischem Gegenstand und Meßanordnung auftut, gibt es keine. In dieser Interaktion wird weder etwas minimiert noch plurifiziert. Meßakt und Objektivität sind ununterscheidbar, es gibt nichts, was außerhalb bleibt. Damit fällt jene Metaebene fort, die als Wellentheorie eine von ihrer Überprüfung unabhängige Existenz geführt hat. Und wenn das so ist, gibt es keinen »Ort« mehr, von dem aus der Meßakt beurteilt werden kann. Er ist nicht länger realitätsstiftend in dem Sinne, daß es gleichzeitig auch andere Realitätsmöglichkeiten gibt. Was er realisiert ist ganz einfach alles, was unter bestimmten Bedingungen existiert. Diese Bedinungen, zu denen natürlich auch die Messung gehört, entscheiden zwar über die konkrete Gestalt der mikrophysikalischen Welt, aber ohne sie gäbe es diese Gestalt überhaupt nicht. Die konkrete Ausgestaltung des Mikrokosmos ist eine Angelegenheit unserer Experimente – so ungefähr könnte eine erste Zusammenfassung der Kopenhagener Deutung der Quantenmechanik lauten. Sehen wir uns an, wie sie bewiesen werden soll.

Jeder, der sich schon einmal mit der Quantenmechanik beschäftigt hat, kennt das Doppelspalt-Experiment. Zusammen mit dem Paradox von Einstein, Rosen und Podolsky, das uns noch beschäftigen wird, gehört es zu den mittlerweile popularisierten Bestandteilen dieser Theorie. An ihm lassen sich die verwickelten Eigenschaften atomarer Teilchen besonders gut veranschaulichen.

Stellen wir uns eine Strahlenquelle vor. Von ihr aus wird ein Schirm beschossen, der die ihn treffenden Atomteilchen sichtbar machen kann, Zwischen Quelle und Schirm schieben wir jetzt einen zweiten Schirm. Er soll uns als eine Art Filter dienen. Zu diesem Zweck haben wir ihn mit einem kleinen Spalt versehen. Sobald wir die Strahlenquelle in Betrieb nehmen, wird sie Teilchen auf den mittleren Schirm werfen. Natürlich ist für die meisten von ihnen an diesem Schirm kein Durchkommen mehr. Nur einige wenige Teilchen werden zufällig den Spalt durchqueren und auf diese Weise bis zu jenem Schirm gelangen, der den Abschluß unserer Versuchsanordnung bildet. Nach einiger Zeit können wir auf ihm eine Art Verteilungsmuster erkennen. Es gibt recht genau Aufschluß über eine bestimmte Eigenschaft der Teilchen, die bis zum letzten Schirm gelangt sind. Dieses Muster zeigt eine starke Zentrierung. In gerader Verbindung zum Spalt des mittleren Schirms sind bei weitem die meisten Teilchen aufgetroffen. Es gibt also eine Häufung der Einschläge. Sie ist eindeutig und hängt offensichtlich mit der Bahn zusammen, die die einzelnen Teilchen genommen haben. Um dieses Zentrum herum beobachten wir einen Hof. In ihm verteilen sich zu seinem Rand hin immer weniger Teilchen. Das sind, wenn wir so wollen, die Querschläger unter ihnen, jene Teilchen, die zum Beispiel mit dem Rand des Spalts, den sie durchquert haben, zusammengestoßen und dadurch abgelenkt worden sind (vgl. den unteren Teil der Abbildung auf der folgenden Seite).

Was können wir aus diesem Muster schließen? Zuerst natürlich, daß die auf den zweiten Schirm prallenden Strahlen Teilchencharakter haben, schließlich zeichnen sie sich dort punktförmig ab. Aber da gibt es noch etwas, was uns das Doppelspalt-Experiment in seinem ersten Stadium verrät. Die Bahn, die diese Teilchen zumindest vom Spalt, den sie durchqueren, bis zu jenem Schirm nehmen, der ihren Aufschlag notiert, muß geradlinig sein. Selbst die Teilchen, die im eng gestreuten Hof neben dem Zentrum landen, werden nach ihrem unfreiwilligen Kontakt mit den Rändern des Spalts einen geraden Weg zurückgelegt haben. Ganz abgesehen von all den Teilchen, die mehr oder weniger »ins Schwarze« getroffen haben und in direkter Verlängerung des Spalts, den sie passierten, auf den zweiten Schirm getroffen sind. Dieser Schluß von der Einschlaghäufung auf die Geradlinigkeit der Teilchenbahn, die sie hervorruft, ist unzweifelhaft. Wäre es anders, folgte beispielsweise jedes Atom einer willkürlich schwankenden Bahn, wäre die Ausbildung eines eindeutig zentrierten Aufprallmusters nicht möglich. Der zweite Schirm wäre, statt mit einer Art Mitte, die sich genau hinter dem Spalt des ersten Schirms befindet, mit gleichverteilten Aufschlägen übersät. Gäbe es keine geradlinigen Bahnen, gäbe es auch kein Maximum an Treffern in direkter Verlängerung zum Nadelöhr, das die Atome passieren.

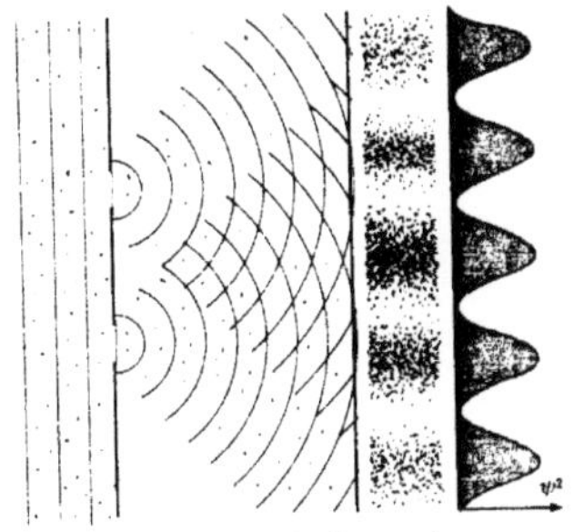

Der Doppelspaltversuch. Eine Elektronenwelle tritt durch zwei Spalte. Die gesamte Welle $\psi = \psi_1 + \psi_2$ entsteht durch Überlagerung der beiden Teilwellen ψ_1 und ψ_2, die durch die Spalte hindurchgehen. Die Interferenz dieser Kreiswellen ergibt ein charakteristisches Streifenmuster.

Die Interferenz der Elektronenwellen wurde in einem Versuch von Möllendorf und Dücker beobachtet.

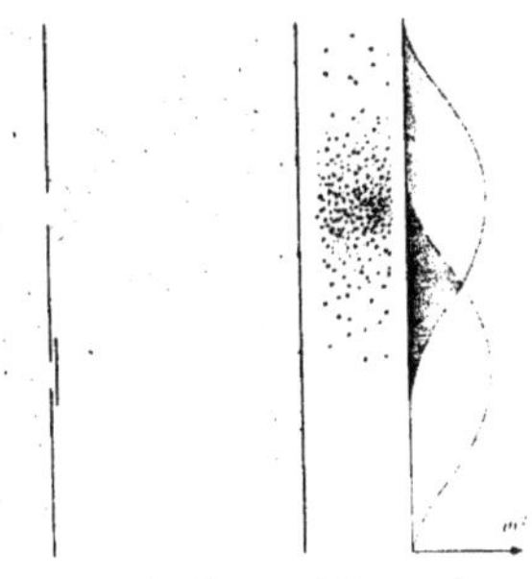

Ist nur ein Spalt offen, so erhält man ein unscharfes Bild dieses Spalts. Öffnet man anschließend den zweiten Spalt und schließt den ersten, so kommt ein zweites unscharfes Spaltbild hinzu. Das charakteristische Interferenzmuster tritt nur auf, wenn beide Spalte zugleich offen sind.

Das alles ändert sich, sobald wir neben dem ersten einen zweiten Spalt öffnen. Was ist zu erwarten? Ganz einfach: zwei Zentren, zwei Häufungen. Hinter jedem Spalt sollten sich Aufschlagsmaxima bilden, die sich vielleicht jeweils zum Rand hin überlappen. Genau das aber passiert nicht. Statt der zwei Zentren ergibt sich auf dem zweiten, auf dem registrierenden Schirm ein Wellenmuster. Dieses Wellenmuster ist von vielen auf- und abschwellenden Einschlagsmengen gekennzeichnet. Es haben sich Ringe ausgebildet, die um ein allen Einschlägen gemeinsames Zentrum zusammengezogen sind. Aber auch dieses Zentrum zeichnet sich nicht durch eine Häufung von Aufschlägen aus. Es bildet die Mitte aller registrierten Ereignisse, das ist alles. Diese Einschläge sind keinesfalls willkürlich erfolgt, sondern gehorchen einer verblüffenden Logik. Es ist, als habe man einen Stein gegen den zweiten Schirm geschleudert, von dessen Aufschlagstelle gleichmäßig sich ausbreitende Wellen ausgegangen sind (vgl. den oberen Teil der Abb. auf der vorhergehenden Seite). Daraus hat man geschlossen, daß der Doppelspalt die lineare Bahn einzelner Teilchen aufgehoben hat. Um jenes Muster zu bilden, das ich beschrieb, müssen die Teilchen, die jeweils den einen oder den anderen Spalt passiert haben, Kontakt miteinander pflegen. Sie haben, so nennt man das, interferiert. Auf diese

Weise läßt sich das entstandene Muster auf dem zweiten Schirm zwanglos erklären. Doch kann diese Erklärung die Annahme einer geraden Teilchenbahn nicht aufrecht erhalten. Um überhaupt jenen Kontakt bilden zu können, müssen sich die Atome, sobald sie »ihren« Spalt passierten, weit von der bislang bevorzugten linearen Achse entfernt haben. Sie haben sich, um einen Begriff aus der Optik zu verwenden, gebeugt. Sie haben sich also nicht wie Teilchen, sondern wie Wellen verhalten. Nur zwischen Wellen kann es die Interferenz geben, die dann folgerichtig ein ebenfalls wellenförmiges Aufschlagmuster ergibt. So kommt es, daß der Doppelspaltversuch in ausgezeichneter Weise den komplementären Charakter atomarer Teilchen veranschaulichen kann. Er zeigt uns auf diese Weise ein Stück Wirklichkeit, das der Quantentheorie haargenau entspricht. Dieses Stück Wirklichkeit ist ein Versuchsergebnis. Was heißt das? Doch wohl, daß die Kopenhagener Deutung der Quantenmechanik bei ihm ansetzen kann.

Die Erklärung des Doppelspalt-Experiments wie sie von der Kopenhagener Schule gegeben wird, hat mit der Unschärferelation zu tun. Wie ich schon angedeutet habe, faßt man in dieser Relation das widersprüchliche Verhalten atomarer Teilchen zusammen. Weil es nicht möglich ist, alle ihre Eigenschaften gleichzeitig zu bestimmen, bleiben sie unscharf. Im Besonderen ist dieser Mechanismus wechselseitig ausgeschlossener Eigenschaften an den Lage- und Impulsattributen mikrophysikalischer Partikel erprobt worden. Dabei hat sich herausgestellt, daß sogenannte Quantenzerstörmessungen immer nur eine von beiden Größen konkretisieren können. Nichts anderes aber passiert im Doppelspalt-Experiment. Das macht seine Bedeutung aus und erklärt, warum es immer wieder im Mittelpunkt von Diskussionen steht.

Den Ort zu bestimmen, an dem die Attribute atomarer Teilchen beim Doppelspalt-Versuch gemessen werden, ist nicht schwer. Das geschieht am mittleren Schirm. Natürlich stimmt das nicht ganz, schließlich ist auch der Aufprall auf den zweiten Schirm, der die geschilderten Muster erzeugt, eine Messung. Doch weil diese zweite Messung ganz von der ersten abhängt, klammern wir sie vorläufig aus. Was geschieht nun am mittleren Schirm? Ganz einfach: der Wechsel von einem geöffneten zu zwei geöffneten Spalten. Anders gesagt, und damit wird der Bezug zur Quantenzerstörmessung klar, wir gehen von Lage- zu Impulsbestimmungen über.

Das mag auf den ersten Blick überraschend klingen, ist aber ganz plausibel, wenn wir uns klar machen, daß nur ein geöffneter Spalt den Ort der ihn passierenden Teilchen recht genau bestimmt. Wenn im mittleren Schirm nur ein Spalt geöffnet ist, legt unser Experiment das Lageattribut der Teilchen, die durch ihn gelangen, fest. Der Logik von Quantenzerstörmessungen folgend, muß das aber heißen, daß damit der Impuls- bzw. Wellencharakter der Teilchen zerstört und unbestimmt wird. Nichts anderes sagt uns das Experiment. Das nach einer Lagebestimmung der atomaren Partikel aufgezeichnete Aufschlagmuster zeigt keinerlei Ähnlichkeit mit ihrer Wellenform. Es ergibt sich einzig und allein aus ihrer teilchenförmigen und das heißt ortsgebundenen Eigenschaft.

Analog läßt sich das wellenförmige Muster bei zwei geöffneten Spalten deuten. Auch hier ist eine Quantenzerstörmessung erfolgt. Sie bestand darin, das Lageattribut der Teilchen eben nicht zu bestimmen. Weil wir bei zwei geöffneten Spalten nicht wissen, welchen Weg die Partikel von der Strahlenquelle bis zum zweiten Schirm genommen haben, bilden sie sich auf ihm als Welle ab. Das Impulsattribut kann sich nur nach einer nicht durchgeführten Ortsmessung darstellen.

Auf diese Weise sortiert der mittlere Schirm beim Doppelspalt-Experiment die Attribute. Er bestimmt einmal die Lage der Teilchen (Ein Spalt) und streicht dabei ihre Impulsverteilung aus (zentriertes Muster). Er läßt die Lage der Teilchen unbestimmt (Zwei Spalten und bildet dafür ihren Wellencharakter ab (wellenförmiges Aufschlagmuster). Das ist sie, die Kopenhagener, die orthodoxe Deutung des Doppelspaltexperiments. Bis heute taucht sie in Lehrbüchern auf.

Mit der besprochenen Deutung des Doppelspaltversuchs ist der Kopenhagener Schule ihr entscheidender Coup gelungen. Wenn nur die Messung, die am mittleren Schirm durchgeführt wird, die Aufschlagsmuster erklären kann, ist es von hier nur noch ein kleiner Schritt bis zu dem, was sie sich vorgenommen hat. Alles, was wir über die Realität mikrophysikalischer Objekte erfahren können, soll, davon geht sie ja aus, an die Interaktion zwischen Meßvorrichtung und atomarer Partikel gebunden sein. Da aber die Ergebnisse des Doppelspaltversuchs, also das, was uns mikrophysikalische Ensembles über sich verraten, nur durch ihren Kontakt zur Meßvorrichtung erklärt werden können – ist diese Annahme experimentell gestützt. Nur unsere Meßanodnung erlaubt, das sich auf dem zweiten Schirm abbildende Muster zu verstehen. So kommt es, daß der

Doppelspaltversuch die Reduktion der atomaren Wirklichkeit auf ihre Interaktion mit dem Beobachter beweist.

Nun könnte man einwenden, daß das ein exemplarischer Zirkelschluß ist. Um die Engführung atomarer Partikel auf ihre Messung zu verifizieren – haben wir sie gemessen. Auch so könnte man schließlich den Doppelspaltversuch kommentieren. Das hat man getan. Allerdings macht man es sich damit zu einfach. Ein solcher Frontalangriff auf die Kopenhagener Deutung wird von ihr mühelos pariert. Der Nachweis tautologischer Schlußweisen kann ihre Argumentation nicht lädieren, im Gegenteil. Wenn es stimmt, daß die Messung in alles verwickelt ist, was wir über atomare Gegenstände wissen können, muß der Beweis dieser Behauptung tautologisch sein. Auf diese Weise wird der Zirkelschluß zu einem Strategem.

Ich könnte mir vorstellen, daß gerade in dieser kreisförmig gebildeten Schlußweise das Geheimnis jener Suggestionskraft liegt, die der Kopenhagener Deutung der Quantenmechanik nachgesagt wird. Sie hat sie unangreifbar gemacht. Was soll man gegen eine Theorie vorbringen, die ihre eigene Relativierung in eine Bestätigung umbiegt? Das hat schon Einstein gefuchst, der nicht aufhörte, darüber nachzudenken, wie diesem *circulus vitiosus* zu entgehen sei. Allerdings kann man im dargelegten Zirkelschluß auch noch etwas ganz anderes vermuten. Daß sich über ihn eine Theorie unangreifbar macht, ist eine Sache. Daß sie sich in ihm selbst organisiert, eine andere. So gesehen liegt in tautologischen Beweisformen auch ein Beleg für selbstorganisierte Theorien vor. Eine Theorie, die sich auf sich selbst bezieht und diesen Selbstbezug beweisen möchte, muß tautologische Schlußweisen favorisieren.

Heißt das, daß die Kopenhagener Deutung der Quantenmechanik falsch ist? Sicher nicht. Wie ich schon gesagt habe, entscheidet die Struktur einer Theorie über das Wirklichkeitssegment, in dem sie gilt. So auch hier. Eine Theorie, die Aussagen über das wahrscheinliche Verhalten ihrer Gegenstände abgeben will, braucht einen ganz besonderen Raum. Sie braucht einen statistischen Raum. Ein statistischer Raum unterscheidet sich von einem konkreten Raum und also von dem Raum, der uns geläufig ist. Das beantwortet die Frage nach dem Wirklichkeitssegment, in dem die Quantentheorie gilt. Sie gilt zwischen den Schirmen des Doppelspalt-Experiments.

Das hört sich wie ein Scherz an, ist aber keiner. Sobald atomare Partikel den einen bzw. die zwei Spalten des ersten Schirms passiert haben, sind sie in statistische Größen verwandelt. Als solche treffen sie danach auf den zweiten Schirm. Das läßt sich beweisen und weist der Quantentheorie samt ihren richtigen Prognosen eine Wirklichkeit zu. Weil diese Prognosen auf statistsche Größen bauen, müssen sie statistische Größen sicherstellen. Nichts anderes gelingt im Doppelspaltversuch.

Gibt es demnach diese statistischen Größen? Nicht unbedingt. Das heißt zunächst nur, daß sie von ganz bestimmten Versuchsanordnungen erzeugt werden können. Und weil es das war, was uns die Kopenhagener Deutung der Quantenmechanik zeigen wollte, ist sie gelungen. Allerdings ist der Preis, den sie für ihren Nachweis zahlt, nicht zu verachten. Der Raum, in dem die Messung atomarer Größen deren Wirklichkeit mitgestaltet, in dem eine Messung das Teilchen, das sie mißt, nicht stört – ist ein begrenzter Raum. Anders gesagt, nur wenn man sich auf einen statistischen Raum bezieht, der die Teilchen, die ihn bevölkern, teilweise immer auch verallgemeinert und entkonkretisiert, kann man der Quantentheorie einen konsistenten Rahmen geben. Das sollte man berücksichtigen, wenn man von ihrer Gültigkeit spricht. Daraus folgt, daß das, was die Kopenhagener Deutung als ihren Geltungsbereich abgrenzt, nicht der mikrophysikalsiche Raum als solcher sein kann! Was sie zwischen den Schirmen des Doppelspaltversuchs aufspannt und woraus sie die Konsistenz der Quantenmechanik abgeleitet hat, ist seine Modifikation. Es ist ein statistischer Raum. Es ist kein konkreter Raum. Und natürlich kann das gar nicht anders sein, schließlich ist die Theorie, die hier konsistent gemacht werden soll, eine selbstorganisierte Theorie. Selbstorganisierte Theorien müssen die Gegenstände, die sie zum Objekt nehmen, verändern. Wäre es anders, gäbe es keine selbst-, sondern nur eine durch Gegenstände fremdorganisierte Theorie. Niels Bohr hat das gewußt und nicht versucht, die Quantentheorie auf das, was wir Wirklichkeit nennen, auszudehnen. Im Gegenteil galt seine Sorge eher den Veränderungen, die eine solche Expansion für den Gegenstandsbereich bedeutet, den sie trifft. Wie recht er damit hatte, zeigt sich im folgenden.

Denken wir uns eine Kiste. Diese Kiste soll bis auf ein in ihr umherschwirrendes Atom vollkommen leer sein. An diesem Behältnis ist ein Schieber angebracht, der es in genau zwei gleichgroße Volumen teilen kann. Während ich dies beschreibe, hört das Atom nicht auf herumzujagen. Nehmen wir zusätzlich an, daß es sowohl die Wände wie den Schieber, so er erst die Kiste in zwei Kisten teilt, nicht durchdringen kann. Natürlich wissen wir schon lange nicht

Die magische Kiste

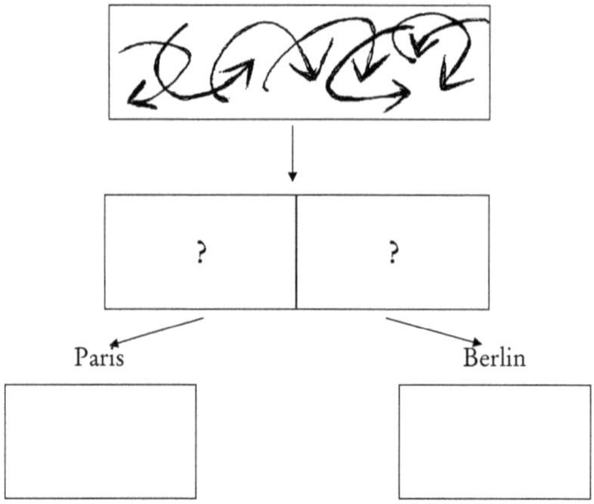

mehr, wo genau das Atom sich aufhält. Rechts, links oder jetzt gerade in der Mitte? Unaufhörlich prallt es gegen die enge Begrenzung seines Raums und wird wild umhergeworfen. Greifen wir jetzt den Schieber und senken ihn ins Innere der Box. Da, wo es bis vor wenigen Augenblicken den einen ungeteilten Behälter gab, gibt es nun einen zweigeteilten. In einer seiner zwei Hälften wird sich das Atom aufhalten, einmal angenommen, daß der Schieber es nicht zufällig erwischt und zwischen sich und der Wand der Kiste eingequetscht hat. Daß das Atom in einer der beiden Hälften sein muß, steht fest. Genauso steht aber auch fest, daß keiner von uns weiß, in welcher. Links oder rechts? Entsprechend seiner wilden Jagd ist beides möglich. Die Chancen stehen exakt 50 : 50. Man kann auch sagen, daß der Aufenthaltsort des Atoms für beide Seiten seiner Kiste gleichwahrscheinlich ist.

Trennen wir jetzt diese Seiten! Wenn wir dabei darauf achten, daß der Schieber nicht durchlöchert wird, daß er weiter die undurchlässige Wand eines jeden ihrer Teile bildet – wird das Atom in einem der fortan separierten Behältnisse sein. Eine Box ist leer, eine Box ist nach wie vor von den stochastischen Wegen des Teilchens erfüllt. Als nächstes nehmen wir unsere beiden Schachteln und begeben uns zur Post. Ausreichend frankiert und sorgsam verpackt senden wir eine Schachtel nach Berlin und die andere nach Paris. Auf diese Weise legen wir eine gehörige Distanz zwischen beide. Aus unseren

Versuchsbedingungen folgt, daß nach einigen Tagen, Genaueres liegt an der Post, in Berlin oder in Paris ein zusätzliches Atom beheimatet ist. Das ist logisch. Da sich nur ein Atom in der ungeteilten Kiste befand, befindet sich auch nur ein Atom in der geteilten. Wo aber wird sich diese Atomvermehrung ereignen? Wegen der gleichverteilten Möglichkeit, daß sich das Atom in der linken oder rechten Hälfte der Schachtel befand als sie halbiert worden ist, können wir diese Frage nur durch Raten beantworten. Oder durch Nachsehen. Wir machen erst die eine, dann die andere Kiste auf.

Bevor wir das tun, sollten wir uns jedoch an die Kopenhagener Deutung der Quantenmechanik erinnern. Bezogen auf unsere zwei Kisten besagt sie, daß es vor der Messung eines Atoms über seine Lage nichts zu sagen gibt. Daß sich die Lage des Atoms erst durch die Messung ausgestaltet. Bisher haben wir nicht gemessen. Mit anderen Worten, die beiden Schachteln sind noch zu, Wenn wir der Kopenhagener Schule glauben wollen, gibt es also noch gar keinen Aufenthaltsort jener Partikel, die uns interessiert. Mag er Berlin oder Paris heißen, das ist ganz bedeutungslos. Bevor wir nicht messen, haben solche Lokalisierungen keinen Sinn. Messen wir endlich! Dazu öffnen wir eine der Kisten. Nehmen wir an, daß man in Paris einen Treffer landet. Dort spricht eine Meßvorrichtung an und legt den Aufenthaltsort des Teilchens fest. Wenn die Kopenhagener Deutung der Quantenmechanik richtig ist, dann bewirkt diese Messung, daß in der Schachtel, die nach Berlin befördert worden ist, genau von diesem Augenblick an kein Atom mehr ist. Das hört sich verrückt an. Sicher. Das beschreibt aber nur die Welt, in die man zu geraten scheint, sobald man die Kopenhagener Deutung der Quantenmechanik mit der Wirklichkeit verwechselt, die sie mißt. Warum? Weil wir uns den jeweiligen Aufenthaltsort des Atoms als seine Messung denken können, Von nun an entscheidet diese Messung beim Öffnen der Kiste darüber, welche seiner Eigenschaften wo verwirklicht wird. So umformuliert gleicht unser Schachtelbeispiel dem Doppelspaltversuch recht genau. Schließlich bewirkt auch bei ihm die Messung eines Attributs, daß das andere verschwindet. Nichts anderes geschieht, wenn in Paris ein Meßapparat auf das gesuchte Teilchen anspricht: sein Pendant in Berlin löst sich auf.

Eine in Paris geöffnete Kiste und ein in Berlin dadurch verschwundenes Atom. Was ist hier bloß passiert? Woher kommt diese neue Ordnung, die uns unbekannt ist? Wenn es stimmt, daß kleine Ursachen oft große Wirkungen haben, dann stimmt es hier. Harmlos ist die Geschichte des geteilten und an verschiedene Orte geschickten Kastens und doch hat sie so vieles verändert. Dabei kann man die einzelnen Schritte der Geschichte mit beliebiger Genauigkeit analysieren, ohne daß etwas ungewöhnlich ist. Das hat schon dem großen Mathematiker John von Neumann keine Ruhe gelassen. Nicht daß er den von mir skizzierten Postwegen nachgespürt hätte, hat er doch die Feinstruktur mikrophysikalischer Versuchsanordnungen bis ins Detail untersucht. Und weil die kleine Geschichte diese Versuchsanordnungen illustriert, ist er zu keinem besonders aufschlußreichen Ergebnis gekommen. Letztlich ist er der Meinung gewesen, daß irgendetwas im Bewußtsein des Experimentators passiert sein muß, damit es zu jenen seltsamen Veränderungen kommen konnte, die aus unserer Erzählung folgen. Das klingt nicht sehr überzeugend. Ist es nicht plausibler, wenn man diese Veränderungen mit jener Grenzüberschreitung begründet, die schon Niels Bohr ausgesprochen problematisch fand? Diese Veränderungen entstehen, sobald der statistische Raum, in dem die Kopenhagener Deutung der Quantenmechanik gültig ist, ausgedehnt wird.

Diese Antwort ist uns nicht neu. Sie geht auf Selbstverstärkungen von Theorien zurück. Theorien beglaubigen sich, indem sie ihren Geltungsbereich expandieren. Ob das so sein muß, weiß ich nicht. Daß unser Schachtel-Beispiel aus einer solchen Selbstverstärkung folgt, scheint mir gewiß. Folgerichtig ist dieses Argument von den Anhängern der Kopenhagener Schule zur Abwehr der Paradoxien benutzt worden, die in diesem Beispiel liegen und ihre Annahme ab absurdum zu führen scheinen, daß Messungen in die Ausgestaltung dessen, was sie messen, einbezogen sind. Statt aus dieser Annahme ableitbar zu sein, sollen die Veränderungen, die aus unserer Geschichte folgen, allererst dann entstehen, wenn man sie mißachtet. So kann man fragen, was denn die Paradoxien in unserem kleinen Beispiel begründet hat? Wie konnte es geschehen, daß die Untersuchung eines Behälters in einem Pariser Labor bis Berlin zu spüren war? Doch bloß durch die Geschichte, genauer, durch die Vorgeschichte, die wir um diese Untersuchung fabulieren. Hätte es das alles nicht gegeben, die eine ungeteilte Kiste, den Schieber, der nur als Schieber zu erkennen war, solange das, was er teilte, auch zusammenhing, den Transport an weit entfernte Orte, hätte es das alles nicht gegeben, gäbe es kein Paradox! Warum nicht? Klar, sagt der Vertreter der Kopenhagener Deutung, und erinnert uns an seine Prämisse: weil es vor der Messung, vor der Beobachtung gar nichts gibt. Zumindest nichts, fügt er erklärend hinzu, von dem wir sinnvoll reden könnten. Genau das aber haben wir getan, als wir das Paradox konstruierten. Wir haben uns eine Vorgeschichte ausgedacht, Hier liegt das Paradox begründet. Was wird denn aus der Messung in einem Pariser Labor, sobald alles andere wegfällt, der Transport zweier Kisten, der Schieber, die Frage nach dem Aufenthaltsort? Dann wird aus der Messung eine einfache Messung und sonst nichts. Was soll sie bewirken? Sie stellt ein Atom fest oder auch nicht. Na und? Irgendeine Wirkung in Berlin folgt daraus wohl nicht. Dieser Unsinn folgt, und das ist entscheidend, eben nicht aus der Messung, sondern aus der kleinen Geschichte, mit der man sie umgibt. Geschichten aber haben mit Messungen herzlich wenig zu tun. Und Vorgeschichten schon gar nicht. So etwa wird der Vertreter der Kopenhagener Schule argumentieren.

Damit stimmt er voll und ganz mit ihrem Begründer, mit Niels Bohr überein, der die neuen Gesetze in der Physik, eben die Kopenhagener Deutung, erst hinter jenem Schirm gültig werden ließ, deren variable Öffnungen für die statistische Verfassung der ihn durchquerenden Teilchen sorgen. Mit seinen Worten: »nur« durch den »wechselseitigen Ausschluß von irgend zwei, die eindeutige Definition komplementärer Größen gestattenden Versuchsanordnungen« wird der Annahme, daß die Messung ihren Gegenstand mitgestaltet, Raum geschaffen. Und weil komplementäre Größen statistische Größen sind schließt sich an dieser Grenzbestimmung ein Kreis. Er reicht von der selbstorganisierten Theorie, als die wir die Quantenmechanik mit ihrer Wellenfunktion gedeutet haben, bis zu den Prognosen, die ihr gelingen. Begrenzt auf einen statistischen Raum konkretisiert sich die Selbstorganisation dieser Theorie zur Einbeziehungen von Messungen in das, was sie messen. Damit läßt sich die grundlegende Annahme der Kopenhagener Schule als Ergebnis einer Theorie begreifen, die sich in ihr weiter verstärkt. Der konsistente Rahmen, den sie absteckt, gibt die Markierung ab, die eine selbstorganisierte Theorie zugleich ermöglicht und begrenzt. Im statistischen Raum, der sich beispielsweise zwischen den Schirmen des Doppelspalt-Versuchs erstreckt, gilt der Satz, daß quantenphysikalische Messungen ihr Objekt nicht stören, sondern ausgestalten.

Hier ist die Einbeziehung von Versuchsanordnungen in ihr Resultat erlaubt. Zwischen den Schirmen des Doppelspalt-Versuchs existieren statistische Größen. Dort gibt es sie, dort machen sie Voraussagen möglich. Hier können sich Selbstorganisationen ereignen, weil hier die Theorie ein integraler Bestandteil ihrer praktischen Verifikation ist. Das Teilchen, das den mittleren Schirm des Doppelspalt-Versuchs passiert, wird zum statistischen Teilchen. Statistische Teilchen sind modifizierte Teilchen. Und weil sich über diese Modifikation die Prognosen der Quantenmechanik realisieren, steckt in ihr, erstreckt sich im Raum, der hinter (und nicht vor!) diesem Schirm beginnt und sie ermöglicht, die Kraft einer Theorie, die die atomare Wirklichkeit entwirft, die sie mitgestaltet und in ihren Versuchsanordnungen prägt, steckt, mit einem Wort, eine Selbstorganisation. Das antizipiert und begründet zu haben, macht die Größe der Kopenhagener Deutung der Quantenmechanik aus. Und ihre Schwäche. Was heißt es denn, einer Theorie einen fest umrissenen Raum zuzuweisen, in dem sie gilt? Daß sie nicht überall gilt.

Nun wäre das nicht allzu problematisch, schließlich räumen die meisten Anhänger der Kopenhagener Schule diese Art von Beschränkung ein. In makroskopischen Dimensionen treffen die mikrophysikalischen Gesetze, die sie entdeckt haben, nicht zu. Das ist hinlänglich bekannt, problematisch wird die Einschränkung erst, sobald sie auch in jenem Raum greift, in dem die Quantenmechanik uneingeschränkt gültig zu sein glaubt. Im mikrophysikalischen Raum. Der festumrissene Raum, in dem die Kopenhagener Deutung der Quantenmechanik gilt, führt nicht nur im Vergleich zu anderen Räumen, er führt auch in den Mikrokosmos eine Grenze ein. Diese Grenze wird von den Schrimen des Doppelspaltversuchs markiert. Zwischen ihnen gilt die Kopenhagener Schule, zwischen ihnen treffen ihre Ansichten zu. Hier gestalten Meßvorrichtungen ihre Ergebnisse aus. Aber warum ist das so? Doch nur, weil an diesen Grenzlinien die Gestalt der mikrophysikalischen Gegenstände selbst verändert wird. Die Modifikation, die der erste Schirm des Experiments den Objekten, die ihn zu passieren haben, auferlegt, sorgt dafür, daß das, was die Kopenhagener Schule behauptet, gilt. Das führt nicht nur dann zu Verzerrungen, sobald derartig veränderte Objekte in unserer makroskopischen Ordnung auftauchen. Das führt auch dann zu Verzerrungen, sobald sie im mikrophysikalischen Raum auftauchen. Die Grenzen, die die beiden Schirme des Doppelspaltversuchs ziehen, sind mit den Grenzen der Quantenwelt als solcher nicht gleichzusetzen. Die Quantenwelt gibt es auch vor, neben und hinter diesen Schirmen. Die Quantenwelt spielt sich nicht nur zwischen ihnen ab. Was auch immer es sein mag, das da um die Schirme herumfliegt und sie manchmal trifft – es läßt sich nicht auf die Gestalt der Partikel reduzieren,.die sie passieren. Der Grund dafür ist leicht anzugeben. Weil der erste Schirm das Teilchen, das ihn durchquert, verändert hat. Wenn die Kopenhagener Schule ihre Deutungen aus diesen veränderten Teilchen herleitet, kann sie folglich nicht uneingeschränkt gültig sein. Das gilt für den makro- und den mikrophysikalsichen Raum. In dem Maß wie Niels Bohr und seine Anhänger den ersten Teil dieser Einschränkung erkannt haben, ist ihnen ihr zweiter Teil entgangen. Dieser blinde Fleck hat sich beispielsweise so geäußert, daß sie die statistische Verfassung der Partikel zwischen den Schirmen des Doppelspaltversuchs zu ihrem Wesen erklärt haben. Die atomaren Teilchen werden nicht nur zu statistischen Teilchen gemacht, sie sollen statistische Teilchen sein. Damit aber weiten die Anhänger der Kopenhagener Schule den Geltungsbereich ihrer Deutung aus. Wie sehr sie auch darauf bestehen mögen, daß vor einer Messung nicht sinnvoll über Quantenteilchen zu reden sei, sie tuen es selbst.

Und wieder kann es der Sachverhalt eigentlich nicht sein, der zu dieser Verwechslung drängt. Mag er auch verwickelt sein, er bleibt überschaubar. Wie kommt es also, daß jene »Gehirnwäsche«, mit der man die Kopenhagener Deutung der Quantenmechanik verglichen hat, eine ganze Physikergeneration in ihren Bann schlug?

Vielleicht kommen wir der Antwort näher, indem wir die Frage anders stellen: Was ergibt sich, sobald die statistischen Partikel zwischen den Schirmen mit den wirklichen Partikeln vor, neben und hinter den Schirmen identisch sind? Dann, so lautet die Antwort, entspricht die Modifikation atomarer Teilchen ihrer Wirklichkeit. Dann, so lautet die Antwort, sind die atomaren Teilchen mit ihrer Modifikation identisch.

Das sind Antworten, die uns unmittelbar zur Kopenhagener Deutung der Quantenmechanik zurückführen. Was geschieht mit ihrer Behauptung, daß die Messung ein gemessenes Objekt nicht stört, sobald sie als Behauptung auf einen eng umgrenzten Raum beschränkt wird? Sie widerspricht sich selbst. Dieser Widerspruch entsteht, weil jener Raum seinerseits, wenn man so sagen kann, eine Störung dessen ist, was ihn umgibt. Daran ändert auch die Versicherung der Anhänger der Kopenhagener Deutung nichts, daß man, bevor sie gemessen werden, über mikrophysikalische Teilchen sinnvoll gar nicht reden kann. Auch wenn das so ist, und es kann durchaus so sein, dann hat die Versuchsanordnung aus Partikeln, über die sinnvoll nicht gesprochen werden kann, eben Partikel gemacht, über die wir sprechen. Daraus folgt, daß die von der Kopenhagener Deutung der Quantenmechanik geforderte störungsfreie Messung selber eine Störung ist. Anders gesagt, sie ist an eine Veränderung der mikrophysikalischen Wirklichkeit gebunden. Erst aus dieser Veränderung wird sie störungsfrei.

Jetzt wird man den Zusammenhang mit meinen Antworten verstehen. Die Kopenhagener Deutung der Quantenmechanik kann nur dann widerspruchsfrei gültig sein, wenn auch der Eingriff in die atomare Welt, durch den sie ihr statistisches Reich erschafft, keine Störung ist. Das aber bedeutet, daß die Expansion ihrer Annahmen und Vorstellungen auf den gesamten mikrophysikalischen Raum die Bedingung dafür ist, daß sie in dem von mir beschriebenen kleinen Rahmen gelten. Das ist der Grund, warum die Kopenhagener Deutung der Quantenmechanik von der Verstärkung ihrer theoretischen Vorgaben nicht zu trennen ist.

Vielleicht ist sie deshalb so erfolgreich gewesen. Ihre Überzeugungskraft konnte kaum aus der drastischen Beschränkung erwachsen, die der Gültigkeit ihrer Deutung auferlegt ist. Jene Suggestionskraft muß andere Ursachen haben. Ich glaube, daß sie dort zu suchen sind, wo sich die Beschränkung der Kopenhagener Deutung mit ihrer Expansion kreutzt. Um sich nicht selbst zu widersprechen, hat sie den Raum, in dem sie gilt, nicht nur gebildet, sondern ausgedehnt. Wenn also nicht ihre Beschränkung, dann macht diese Ausdehnung ihre Attraktivität aus! In ihr stellt sich die Kopenhagener Deutung der Quantenmechanik als das dar, was eine selbstorganisierte Theorie in besonderem Maße braucht: als eine Selbstverstärkung.

Nun sieht es so aus, als könne der Selbstverstärkung einer selbstorganisierten Theorie nichts widerstehen. Eine ganze Physikergeneration schließt sich der Kopenhagener Schule an. Es war und ist ein Siegeszug. Das aber ist nicht alles. Bekanntlich gibt es Phyrrussiege. Ein Phyrrussieg könnte so definiert werden, daß im Sieg schon Keime einer Niederlage stecken. Das passiert auch in der Quantentheorie. Vielleicht passiert es jeder selbstorganisierten Theorie.

Der statistische Raum, den die Wellenfunktion und die Quantenzerstörmessung bilden, unterscheidet sich von dem Raum, der uns umgibt. Neutral ausgedrückt kann man sagen, daß er den gewohnten Raum modifiziert. Diese Modifikation habe ich als Wirkung einer selbstorganisierten Theorieform aufzufassen versucht. Wenn sie sich verstärkt, und das tut sie, verstärkt sie folglich den Unterschied, der zwischen ihrem und unserem Raum besteht. Anders gesagt, sie verstärkt sich nicht nur – sie isoliert sich auch. In dem Maße wie die Quantenmechanik in die Mikrophysik expandiert, spaltet sie sie von der Makrophysik ab. Daß auf diese Weise der Bruch zwischen Mikro- und Makrophysik als direkte Folge der Quantentheorie und ihrer Selbstverstärkung interpretiert werden kann, ist bemerkenswert.

Wie oft hat man sich gefragt, ob es so etwas geben kann: zwei Welten, zwei Existenzweisen, zwei Klassen unterschiedlicherGesetze? Vollkommen sollen sie sich widersprechen, Kausalität hier, Akausalität da, lineare Bewegung hier, diskontinuierliche Sprünge dort, Schärfe gegen Unschärfe, Komplementarität gegen Eindeutigkeit. Immer wieder ist uns versichert worden, daß die Ordnung der Mikrophysik ganz und gar anders sei. Sie ist mit der Ordnung, die wir kennen und verstehen, nicht zu vergleichen. Die Ordnung der Mikrophysik ist kontraintuitiv. Verständlicher ausgedrückt: sie verstößt gegen den gesunden Menschenverstand. Ob es die Mehrfachwelten sind, Wigners Freund oder Schrödingers Katze, ob es zwischen den Schirmen des Doppelspaltversuchs beginnt und von dort in alle subatomaren Winkel diffundiert – die Welt der Teilchen ist uns fremd, sie erscheint uns bizarr. Irgendwie verstehen wir nicht, was dort geschieht, irgendwie ahnen wir, daß sich dort etwas selbstständig macht und sich uns und unserem Verständnis entzieht. Es ist viel von »Verzicht« gesprochen worden. Wir verzichten auf die vollständige Kenntnis, wir verzichten auf eine umfassende Definition. Die atomare Welt gibt uns Rätsel auf. Sie ist von uns getrennt, wir haben keinen Zugang zu ihr.

Und wenn das alles nicht wahr ist? Wenn es sich dabei nur um einen Effekt handelt? Wenn sich in dieser Fremdheit, dieser Rätselhaftigkeit der Mikrophysik nur eine Theorie verstärkt? Ja, diese Theorie hat den Raum, der uns umgibt, verändert. Sie hat ihn statistisch und damit prognostizierbar gemacht. Deshalb unterscheidet er sich von uns und unseren Gewohnheiten. Die Dinge in ihm sind nicht konkret, sie sind zumindest teilweise verallgemeinert. Die Dinge in ihm sind anders als wir. Und weil die Dinge in ihm das bilden, was wir den mikrophysikalischen Raum nennen, ist dieser Raum eine Wirkung. Er ist ein Artefakt. Er ist der Effekt einer selbstorganisierten Theorie. Diese Theorie verstärkt sich. Wie aber macht sie das? Nun, indem sie die Andersartigkeit der Welt, von der sie gilt, betont. Sie betont sie und dehnt sie aus. Angenommen es gäbe nur kleine Bereiche innerhalb des mikrophysikalischen Raums, in denen die Quantentheorie gilt, angenommen es gäbe nur ein paar kleine statistische Inseln in einem sonst unbekannten, in einem sonst unvermessenen Raum. Dann gäbe es keine Kopenhagener Deutung der Quantenmechanik, dann gäbe es keine orthodoxe Lehrmeinung – dann gäbe es aber auch keine Mikrophysik, die ganz und gar die vollständig von der Makrophysik verschieden ist. Es gäbe keine Konfrontation. Es gäbe keinen Bruch. Es gäbe keine sich selbst verstärkende Theorie. Weil es den Bruch zwischen Mikro- und Makrophysik gibt, gibt es sie. Dieser Bruch ist ihre Wirkung, ihr Effekt. Der Bruch zwischen Mikro- und Makrophysik drückt die Verstärkung und Isolierung der Quantenmechanik, er drückt die Verstärkung und Isolierung einer selbstorganisierten Theorie aus.

So führt die Antwort auf die Frage, welche Art von Wirklichkeit die Kopenhagener Deutung der Quantenmechanik denn erfindet, auf den mikrophysikalischen Raum. Er selbst ist ein Effekt dieser Theorie. In ihm gibt sie sich jene Welt, die die von der Quantenmechanik veränderten Objekte brauchen. Erzeugt zwischen den Schirmen des Doppelspaltexperiments hat sie diese Welt immer weiter ausgedehnt, um mit ihrem Wachstum selbst an Bedeutung und Glaubwürdigkeit zu gewinnen. Im mikrophysikalischen Raum, wie ihn sich die Kopenhagener Schule vorstellt, finden die statistischen Gegenstände der Quantenmechanik eine Heimat. Er stützt sie und gibt ihnen Halt. Nicht zuletzt wird das durch die Fremdheit und Rätselhaftigkeit ausgedrückt, die wir in Bezug auf ihn empfinden.

In diesem Gefühl drückt sich aber noch etwas anderes aus. Wenn es stimmt, daß hinter der Fremdheit und Rätselhaftigkeit des mikrophysikalischen Raums eine selbstorganisierte Theorie steckt, sind wir uns selber fremd und rätselhaft geworden. Schließlich stammt die Theorie von uns. Wir haben sie uns ausgedacht. Daß sie sich nun von uns entfernt, daß sie beginnt, so etwas wie ein Eigenleben aufzuführen, ist deshalb noch lange keine Hexerei. Dieses Eigenleben ist nicht mehr aber auch nicht weniger als ein weiterer Effekt, der selbstorganisierte Theorien definiert.

Ich glaube, daß dieser Effekt einer selbstorganisierten Theorie, mit dem sie sich gegen uns, gegen ihre einen Erfinder wendet, schwer zu akzeptieren ist. So schwer, daß ich ihn im folgenden Kapitel mit mehr Material belegen will.

Selbstisolation

1. *Der Atomkern*

Wie stellt man die Selbstisolation einer Theorie fest? Die Antwort auf diese Frage ist nicht ganz einfach zu finden. Zu sagen, daß eine Theorie selbstisoliert ist, sobald wir sie nicht mehr verstehen, reicht nämlich nicht aus. Schließlich könnte das an uns liegen und nicht an der Theorie. Nein, mit der Selbstisolation einer Theorie muß etwas anderes gemeint sein. In einer ersten Annäherung an die gestellte Frage, möchte ich deshalb sagen, daß die Selbstisolation aus der Theorie und nicht aus unserem Begriffsvermögen folgen soll.

Nun ist es für uns allerdings ungewohnt, genau das anzunehmen. Was? Nun, daß etwas nicht auf uns selber zu beziehen ist. Doch vielleicht hilft uns das bei der Suche nach einer Antwort weiter. Alles auf sich selbst zu beziehen, kann ja auch einer Theorie passieren. Bei uns gibt es dafür den Namen »Solipsismus«. Und welchen Namen gibt es dafür bei einer Theorie? Wie nennt man den Solipsismus, die Selbstzentriertheit oder eben die Selbstisolation einer Theorie? Ich muß gestehen, daß ich keinen solchen Namen kenne. Wohl aber eine Art Dynamik, die für ihn steht. Diese Dynamik bildet einen Sog ab, in den eine Theorie geraten kann, die immer stärker um sich selber kreist, die ihre Anlagen unausgesetzt selbstverstärkt und selbst organisiert. Diese Dynamik, dieser Prozeß heißt »Regress«. Eine in einen Regress verfallene Theorie kreist um sich selbst und schließt sich von ihrer Umgebung ab.

Ich möchte zeigen, daß die Quantenmechanik Elemente einer solchen »Regress-Theorie« enthält. Und nicht nur einer Theorie. Sie enthält auch, wenn man so sagen kann, »Regress-Experimente«. Was soll das heißen? Das soll heißen, daß es in ihr sowohl Denkmuster als auch Versuchsanordnungen gibt, die sich isolieren.

Man wird fragen, wie sich eine Versuchsanordnung isolieren kann? Die Antwort auf diese Frage hängt mit den regredierenden Theoriebestandteilen, von denen ich sprach, zusammen. Weil gerade sie in den Experimenten der Quantenmechanik bestätigt werden sollen, haben diese Experimente ein, wenn man so sagen kann,

»solipsistisches« Objekt zum Gegenstand. Ein solches solipsistisches Objekt ist z. B. das Quark. Sein Solipsismus äußert sich auf verblüffend einfache Weise: es gibt kein Experiment, das es isolieren kann. Warum das so ist? Weil ein Quark sich selbst isoliert hat, weil es selbstisoliert ist. Der Regress einer Theorie und die Nichtisolierbarkeit ihrer Gegenstände – das sind zwei mögliche Hinweise auf die Selbstisolation dieser Theorie. Suchen wir sie da auf, wo sie sich ereignen. Zu diesem Zweck skizziere ich das Quarkmodell der Quantenmechanik. Und um der Reihe nach vorzugehen, fange ich mit etwas größeren Teilchen, fange ich mit den Atomen und ihrer Feinstruktur an.

Energie ⟷ Masse

$E = mc^2$. Das ist eine Formel, die man aus der Relativitätstheorie kennt. Sie wurde von Einstein aufgestellt und besagt, daß Energie in Masse und Masse in Energie verwandelt werden kann. Die Bedeutung dieser Formel ist nicht auf die Relativitätstheorie beschränkt geblieben. Schon früh hat sie beispielsweise der japanische Physiker Hideki Yukawa zur Voraussage neuer Teilchen benutzt. Womit wir erneut bei der Quantenmechanik und ihrer Voraussagekraft sind. Denn allein hätte Einsteins Formel für Yukawas Prognose niemals gereicht. Es mußte etwas hinzukommen. Diese Zutat macht die Voraussage, die Yukawa gelang, erst möglich. Eigentlich müßte es nun unsererseits möglich sein, sie vorauszusagen. Dazu stelle ich zwei Fragen. Was macht Prognosen möglich? Die statistische Natur der vorauszusagenden Objekte. Woher stammt diese statistische Natur? Aus der Unschärfe dieser Objekte. Also lautet die Voraussage, die wir über die Voraussage Yukawas machen können: er wird die Unschärferelation mit Einsteins berühmter Formel verbunden haben. Es ist genauso gewesen.

Natürlich wird man sich fragen, was die Unschärferelation mit einer Umwandlung von Masse in Energie und umgekehrt zu tun hat? Eine Antwort gibt auch dieses Mal die Wellenfunktion. In ihr sind die Eigenschaften der Objekte, mit denen sich die Quantenmechanik beschäftigt, repräsentiert. Ich habe ausführlich dargestellt, wie diese Repräsentation vor sich geht. Von entscheidender Wichtigkeit war dabei, daß in der Wellenfunktion die Objektattribute widersprüchlich arrangiert werden. In der Hauptsache betrifft dieses Arrangement den wechselseitigen Ausschluß statischer und dynamischer Elemente. So setzt die Quantenmechanik eine statistische Auffassung ihrer Gegenstände durch. Diese statistischen Objekte können wir auch unscharfe Objekte nennen. Stets entzieht sich beim Versuch, sie zu bestimmen, eine wichtige Komponente. Wenn wir jetzt überlegen, daß auch solche Begriffe wie Masse und Energie von diesem Ausschluß, von dieser Unschärfe betroffen sind, kommen wir Einsteins Formel näher. Masse- und Energiebestimmungen eines Teilchens gehorchen dem Arrangement, das die Wellenfunktion den von ihr repräsentierten Gegenständen auferlegt. Anders gesagt: die Masse kann als eine statische, die Energie als eine dynamische Eigenschaft eines Teilchens aufgefaßt werden. Das bedeutet, daß sie nicht gleichzeitig konkretisiert werden können. Um den statistischen Vorgaben zu genügen, schließt eine genaue Massebestimmung eine Energiebestimmung aus und umgekehrt. Dieser Zusammenhang ist einfach. Was folgt aus ihm? Zunächst nichts. Jedenfalls solange nicht, bis wir uns dazu entschließen, neben Masse und Energie eines Teilchens auch Masse- und Energieunschärfen eines Teilchens ineinander wandelbar zu denken. Da die Quantenmechaniker diesen Entschluß gefaßt haben, folgen wir ihm und sehen, was passiert.

Sicher, mit Unschärfen wie mit gewöhnlichen Größen zu operieren, ist zweifelhaft und mindestens heikel. Das sieht jeder ein. Um den seltsamen Status genügend hervorzuheben, der unscharfe von gewöhnlichen Objektbestimmungen trennt, hat man sich deshalb auf ein besonderes Vokabular geeinigt. Wenn man von Dingen sprechen will, die aus Unschärfen entstanden sind, nennt man sie nicht real, sondern virtuell. Virtuelle Teilchen sind zum Beispiel Teilchen, die als Materialisationen von Unschärfen verstanden werden. Und weil Einsteins Formel auch in der Quantenmechanik Geltung haben soll, kann diese Unschärfe aus Energiebeträgen stammen. Um zu verstehen, was man mit dieser ungewöhnlichen Auffas-

Energie ⟷ Masse
Energieunschärfe ⟷ virtuelle Masse

sung anstellen kann, fragen wir uns, wo solche unscharfen Energiebeträge anzutreffen sind. Da in der Quantenmechanik unscharfe Energie mit einer gleichzeitig durchgeführten Massebestimmung zusammenfällt, ist als Antwort denkbar, daß Unschärfe von Energiebeträgen gestaffelt nach der Genauigkeit von Ortsbestimmungen entsteht. Schließlich ist eine Massebestimmung ohne jenen Ort, den ein Teilchen ausfüllt, nicht zu denken. Also müssen wir unsere Suche auf exakt durchführbare Ortsbestimmungen konzentrieren, um ein Mindestmaß an unscharfer Energie zu erhalten. Nach Einsteins Formel kann diese Energie sodann in neue Teilchen, in virtuelle Teilchen umgewandelt werden.

Natürlich hört sich das kurios an und wäre nur eine Idee neben vielen anderen geblieben, wenn, ja wenn die soeben angedeuteten Überlegungen nicht nahtlos in eine weitere spektakuläre Voraussage der Quantenmechanik übergehen würden. Bevor ich darüber spekuliere, warum das so ist, möchte ich diese neue Prognose darstellen.

Wo kann sich eine detaillierte Ortskenntnis ergeben, die jener hohen Energieunschärfe entspricht, die wir zur Erzeugung virtueller Teilchen brauchen? Am ehesten da, wo der Raum, den ein mikrophysikalisches System einnimmt, begrenzt ist. Wenn ein bzw. mehrere Teilchen in einem sehr kleinen Segment eingeschlossen sind, haben sie keine oder jedenfalls nur eine sehr beschränkte Aussicht, den Ort, den sie einnehmen, unscharf zu machen. Suchen wir ein solches Gefängnis, das den in ihm enthaltenen Teilchen nur eine minimale Bewegungsfreiheit läßt. Aus der Unschärferelation ergibt sich, daß in ihm höchste Energiebeträge anfallen. Das kann man sich auch folgendermaßen klar machen: Je kleiner der Raum ist, der dem, wenn man so sagen kann, Bewegungsdrang mikrophysikalischer Objekte zugestanden wird, desto schneller werden sie in ihm. Aus dieser erhöhten Geschwindigkeit stammt die erhöhte Energie. Also muß das Gefängnis, von dem ich spreche, eine Art Hexenkessel sein,

Ortsschärfe ←——→ Energie ←——→ virtuelles Teilchen

Atomkern ←→ Ortsschärfe ←→ Energieunschärfe ←→ virtuelles Teilchen

den in engsten Grenzen ein Inferno füllt. Ein solches Gefängnis gibt es. Es ist der Atomkern, auch »Quantenkäfig« (Sexl) genannt. 1932 brachte James Chadwick Licht in seine innere Struktur. Hatte man bis dahin versucht, ihn aus Protonen und Elektronen zusammengesetzt zu denken, gelang es ihm, ganz andere Teilchen aus dem

Atomkern abzulösen. Das half den Physikern aus einer Verlegenheit. Weil Atornkerne, die nur aus Protonen gebildet sind, sehr schnell eine viel zu große positive Ladung aufweisen, mußte eine Art neutralisierendes Material in ihnen enthalten sein. Nahe lag hier der Rückgriff auf die bereits bekannten Elektronen, die den Atomkern umkreisen und entgegengesetzt geladen sind. Doch wie sollte man sie dazu bringen, ihre im Vergleich zum Kern nahezu unendliche Umlaufbahn in ihn hineinzuquetschen? Bruchteile von Sekunden würden genügen, um sie aus ihm hinauszuschleudern. Hier half Chadwicks Entdeckung. Er fand neben den viel zu bewegungslustigen Elektronen und den rasch überladenen Protonen eine weitere Teilchenart. Es sind die Neutronen. Wie schon ihr Name sagt, besitzen sie keine elektrische Ladung; und können deshalb die gesuchte Neutralisierung des Atomkerns bewirken. Auf der anderen Seite ist ihr Gewicht bis auf rund ein Promill dem der Protonen vergleichbar, was ihr Bewegungsspektrum ähnlich macht. Neutronen und Protonen im Atomkern, die Elektronen um ihn herum – so sah man zu Beginn der 30er Jahre das elementare Baumaterial unserer Welt. Um von hier zu den virtuellen Teilchen und ihren Metamorphosen zurückzugelangen, müssen wir uns mit der inneren Gestalt des Atomkerns beschäftigen.

Wir wissen jetzt, was in ihm steckt. Das wußte auch der Physiker Hideki Yukawa. Wir wissen nicht, was ihn zusammenhält.

Atomkern ⟶ Proton/Neutron

Proton ⟶ ? ⟵ Neutron

Darüber dachte Yukawa nach. Natürlich kannte er Einsteins Formel. Und natürlich kannte er auch die Idee, daß sie auf Energieunschärfen anwendbar ist. Wenn man so will, hat er beides zusammengezählt. Große Energieunschärfen müssen im Atomkern vorhanden sein. Das folgt aus seiner winzigen Gestalt. Was folgt aus Einsteins Formel? Daß mit den zwei Bestandteilen, Proton und Neutron, sein Innenleben nicht erschöpft sein kann. Wenn es richtig ist, daß sich Energieunschärfe in virtuellen Teilchen materialisieren kann, müssen auch sie im Hexenkessel der Natur vorhanden sein. Warum also nicht aus der Not eine Tugend machen und sie mit der Aufgabe betrauen, den Kern zusammenzuhalten? So ungefähr mögen die Überlegungen Yukawas gewesen sein, als er 1938 die Existenz einer weiteren Teilchenart voraussagte, die die Neutronen mit den Protonen verschweißen. Um zu verstehen, wie die Idee der virtuellen Teilchen diese spektakuläre Prognose vorgegeben hat, sehen wir uns das jetzt näher an.

Ich zähle auf, was zur Verfügung steht. Da gibt es Einsteins Behauptung, daß Energie in Materie verwandelt werden kann. Ferner die Behauptung, daß diese Umwandlung nicht nur Energie, sondern auch Energieunschärfe betrifft. Dazu kommt die Unschärferelation, die angibt, wo solche Energieunschärfen zu erwarten sind: natürlich da, wo es nur geringe Ortsunschärfen gibt. Wenn wir uns nun diese Bedingung, die die Unschärferelation stellt, im Atomkern erfüllt denken, haben wir alles beisammen, was für Yukawas Prognose nötig ist. Wir haben Einsteins Formel, die uns angibt, wie Energie in Materie, also in Teilchen verwandelt werden kann. Und wir haben genügend Energieunschärfe, um diese Umwandlung auch in Gang zu bringen. Soweit zu den Voraussetzungen. Hinzu kommt Yukawas Hypothese von der Kraft, die den Atomkern zusammenhält. Weil die Größe des Atomkerns und die der in ihm enthaltenen Teilchen bekannt war, schätzte Yukawa die Reichweite der Kraft, die sie in ihm festhalten sollte, ab. Wieso baut diese Hypothese auf den Voraussetzungen auf, die ich angegeben habe?

Proton ⟶ virtuelles Teilchen ⟵ Neutron

Ganz einfach: weil die Reichweite einer Kraft etwas mit ihrer Energie zu tun hat. Das ist die Grundlage für Yukawas Idee. Energie in Form jener Energieunschärfe, die im Atomkern herrscht, ist genügend vorhanden. Von dieser Energie zu seiner Prognose ist es nicht mehr weit. Schließlich kann laut Einsteins Formel Energie in Materie, also in Teilchen verwandelt werden. Auf diese Weise findet Yukawa mit seiner Schätzung der Reichweite der im Atomkern auf seine Bestandteile anziehend wirkenden Kraft einen Zugang zur, wenn man so sagen kann, Materie dieser Kraft. Diese Masse, die aus Energieunschärfe und Einsteins Formel entsteht, ist das von ihm vorausgesagte Teilchen. Obwohl es virtuell ist, wird es von Yukawa berechnet und, einige Jahre später, gefunden. Um zu begreifen, warum Yukawa diese Prognose gelingen konnte, brauchen wir uns nur zu erinnern. Warum gelingen die Prognosen der Quantenmechanik? Weil die Gegenstände, deren zukünftiges Verhalten sie berechnet, statistische Gegenstände sind. Nun weiß man nicht so genau, was virtuelle Gegenstände eigentlich sind. Irgendwo zwischen Realität und Fiktion angesiedelt, führen sie ein merkwürdiges Leben. Wie auch immer wir sie definieren mögen, eines ist sicher: sie sind aus Unschärfen entstanden, sie sind eine Materialisation unscharfer Energie. Von hier zu den voraussagbaren Gegenständen der Quantenmechanik zurückzufinden, ist nicht mehr schwierig. Weil virtuelle Teilchen aus Unschärfen entstehen, sind sie statistische Teilchen, deren Existenz vorausgesagt werden kann. Sicher ist das für die Quantenmechanik von großer Bedeutung. Wichtig ist aber auch ein anderer Aspekt. Er macht eine vielleicht noch tiefere Ähnlichkeit im jeweiligen Teilchenkonzept der Quantenmechanik sichtbar.

Haben wir gelernt, in der Unschärfe von Teilchen einen Effekt selbstorganisierter Theorieformen wahrzunehmen, wiederholt er sich in der Vorstellung virtueller Objekte. Dabei kümmern wir uns weniger darum, was sie sein sollen, das ist umstritten, als darum, welche Funktion sie erfüllen. Wir wissen schon, daß sie den Atomkern zusammenhalten. Und sonst? Was für eine Funktion soll das sein? Zuerst einmal bilden sie in der Funktion – eine Kraft. Das allein ist bemerkenswert. Allgemein denkt man sich Kräfte eher immateriell, sieht man Kräfte als Austausch irgendwelcher Energien an. Das ist hier anders. Zwar mag im bloß virtuellen Charakter der den Atomkern zusammenhaltenden Teilchen noch etwas von der flüchtigen, von der geisterhaften Art jener Kraftauffassung enthalten sein, weil es diese Teilchen tatsächlich gibt, gehen sie zugleich weit über sie hinaus. Diese Teilchen materialisieren Kraft. Sie sind Kraft. Das war es, was ich meinte, als ich von ihnen als von einem neuerlichen Effekt selbstorganisierter Theorieformen sprach. Wieso? Weil sie, wenn man so sagen kann, kreisförmig gedacht sind. Weil sie, um es genauer zu sagen, auf sich selber wirken.

Bei dieser Idee, mit der die Vorstellung von selbstorganisierten virtuellen Teilchen steht und fällt, bleiben wir einen Augenblick. Denken wir uns eine Kraft. Sie wirkt auf etwas, vorzugsweise auf Gegenstände also auch auf Teilchen. Denken wir uns jetzt eine Kraft, die als Teilchen existiert. Natürlich hört sie nicht auf zu wirken. Sie wirkt weiter auf etwas, vorzugsweise auf Gegenstände, also auch auf Teilchen. Nur daß sie selber ein solcher Gegenstand, ein solches

Teilchen ist. Also wirkt sie, indem sie auf etwas wirkt, möglicherweise – auf sich. Sie wirkt als Kraft auf sich, insofern sie als Kraft Teilchencharakter hat. Deshalb ist eine Kraft, die als Teilchen gedacht wird, eine kreisförmig gedachte Kraft. Eine Kraft, die auf sich selber wirkt.

Nun ist es nicht schwer, in einer solchen »Selbstverschlingung« einen ersten Ausdruck selbstorganisierter Verfahrensweisen zu erkennen. Sie tragen viele Namen. Um nur zwei zu nennen, spreche ich selbstinduzierte und autokatalytische Prozesse an. Natürlich haben sich auch die Quantentheoretiker einen Begriff ausgedacht, der auf ihre kreisförmig konzipierte Kraftauffassung anwendbar ist. Theorien, in denen so etwas auftaucht, sind für sie standardisiert. Ein Kraftträger, eben unser virtuelles Teilchen, der den Wirkungen der Kraft, die er trägt, seinerseits ausgesetzt ist, ist ein standardisierter Theoriebaustein. So sehen wir, wie sich die Effekte selbstorganisierter Theorien reproduzieren. Nachdem sich das virtuelle Teilchen als durch und durch statistisches Teilchen entpuppt hat, drängt sich nun seine selbstorganisierte Funktionsweise auf. Ich habe in den vorhergehenden Kapiteln zu zeigen versucht, daß hinter statistischen Aussagen stets eine selbstorganisierte Theorie steckt. Das mag stimmen oder nicht – im virtuellen Teilchen, das ein statistisches Teilchen ist, schlägt sich eine solche Theorie ganz sicher nieder.

Dabei können wir sogar die Unschärfe wiederfinden, mit denen selbstorganisierte Theorien ihre Gegenstände überziehen, um sie statistisch signifikant zu machen. Fiel uns bei der Diskussion der Wellenfunktion jene seltsame Repräsentation von Objekteigenschaften auf, die in ihrer Widersprüchlichkeit zur statistischen Auffassung dieser Objekte führte, wiederholt sich ein solches Arrangement beim standardisierten Kraftbegriff. Auch bei ihm ist es schwierig, wenn nicht unmöglich, eindeutige, nicht widersprüchliche Formulierungen zu finden. Eine Kraft, die auf sich selbst wirkt, bewirkt etwas, ist also die Ursache einer Wirkung. Doch damit nicht genug. Schließlich erleidet sie diese Wirkungen auch. Eine Kraft, die auf sich selber wirkt, hält demnach Ursachen nicht länger von ihren Wirkungen verschieden, sondern vermengt und vermischt sie. Wir können auch sagen, daß sie beide Begriffe – unscharf macht.

Ich habe gesagt, daß wir die Unschärfe wiederfinden, durch die selbstorganisierte Theorien ihre Gegenstände in statistische Gegenstände verwandeln. Hier geschieht es. Was heißt es denn, daß Ursache und Wirkung beim standardisierten und also selbstorganisierten

Selbstorganisation

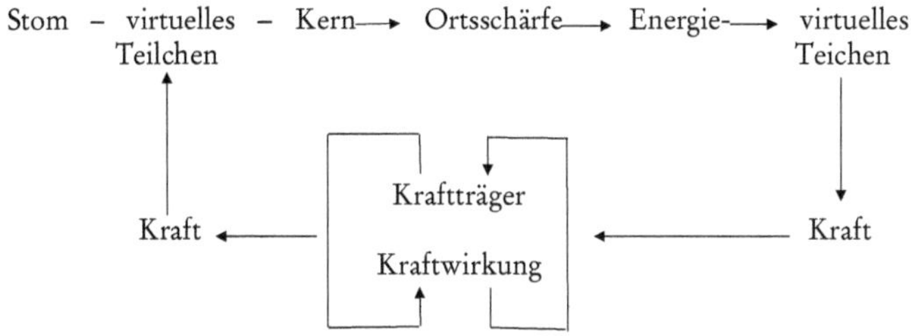

Kraftbegriff unscharf werden? Erinnern wir uns. Unscharf sind Gegenstände, sobald die

Fülle ihrer Attribute nicht mehr gleichzeitig konkretisiert werden kann. Unscharf sind Gegenstände, wenn ihre Ortsbestimmung ihre Bewegungsanalyse ausschließt. Unscharf sind Gegenstände, wenn die exakte Bestimmung von Eigenschaften jede Bestimmung anderer Eigenschaften unmöglich macht. Genauso ist es beim kreisförmig angelegten Kraftbegriff. In ihm eine Ursache zu sehen, löscht ihn als dieser Ursache auch ausgesetzte Größe aus. Wie andererseits seine Bestimmung als Wirkungen erleidendes Objekt die Fülle seiner Eigenschaften ebenfalls reduziert. Es ist unmöglich, standardisierte Begriffe komplett abzubilden. Immer fehlt etwas, entzieht sich ein Aspekt. So entstehen Unschärfen.

Auf diese Weise wiederholt der Kraftbegriff, den sich die Quantenmechaniker ausgedacht haben, jenes widersprüchliche Arrangement von Objekteigenschaften, das sie ihrer Wellenfunktion entnahmen. Beide Male entstehen Gegenstände, deren Attribute nicht mehr gleichzeitig konkretisiert werden können. Beide Male entstehen unscharfe Gegenstände, entstehen statistische Gegenstände. Beide Male entstehen Gegenstände, die vorausgesagt werden können. Und weil statistische, weil voraussagbare Gegenstände veränderte, modifizierte und verwandelte Gegenstände sind – entstehen beidmalig Gegenstände, die als Effekt beschrieben werden können. Sie sind verändert. Also muß es etwas geben, das sie verändert hat. Nachdem wir die Wellentheorie als Theorie in dieser Funktion kennengelernt haben, ist uns also ein weiterer Theoriebaustein begegnet, der mit einer solchen Kraft zur Veränderung seiner Gegenstände ausgestattet ist. Er macht aus gewöhnlichen Objekten statistische und also voraussagbare Objekte, indem er sie standardisiert. Woraus folgt, daß sich in der Standardisierung eine neue selbstorganisierte Theorieform auswirkt. Diese Theorieform wird uns weiter in die Geheimnisse der Selbstorganisation einführen. Sie wird neue und unerwartete Wendungen zeigen. Sie wird, nachdem wir die Selbstverstärkung selbstorganisierter Theorien kennengelernt haben, vom Hang zur Isolation handeln, der sie erliegen.

Hinter standardisierten Objekten steckt eine selbstorganisierte Theorie. Hinter standardisierten Objekten steckt die Theorie von den Letztbausteinen unserer Welt, steckt die Theorie von den Quarks. Sehen wir uns an, was aus diesen Letztbausteinen wird, sobald sie zum Effekt selbstorganisierter Theorien werden.

2. *Die Farbkraft*

Jeder von uns hat schon einmal etwas von Quarks gehört und jeder von uns kennt russische Puppen. Das sind diese kleinen Figuren, die man aufmachen kann, um wieder eine gleiche Figur, nur etwas kleiner, vorzufinden. Auch wenn es sich im ersten Augenblick etwas weithergeholt anhört kann man das Atom mit einer solchen Puppe vergleichen. Auch das Atom kann man öffnen. Wie öffnet man ein Atom? Indem man es beschießt. Wenn man dabei Glück hat, trifft man etwas. Dieses Etwas hält sich im Atomkern auf und lenkt die auf es abgegebenen Schüsse ab. So hat etwa Rutherford seine Versuche gestaltet, mit denen er die innere Struktur des Atomkerns erkannte. Damit hat er eine russische Puppe geöffnet. In ihr stecken Neutronen, Protonen und, wie wir eben erfahren haben, Teilchen, die sie zusammenhalten. Ganz wichtig bei russischen Puppen ist natürlich, daß man sie nicht nur einmal aufmachen kann. Deshalb öffnen wir unsere neuen Puppen. Wir öffnen Neutronen, wir öffnen Protonen und wir machen auch die kleinen Teilchen zwischen ihnen auf. Wenn mein Vergleich stimmt, sollten darin wieder neue Teilchen stecken, eben Püppchen in Puppen. Und so ist es auch. Wir können, wie vorher den Atomkern, jetzt die Partikel öffnen, aus denen er besteht. Machen wir sie also auf. In Protonen, Neutronen und den Teilchen dazwischen finden wir weitere Objekte. In ihnen finden wir Quarks. Sollen wir diese Quarks auch wieder aufmachen? Warum nicht. Auch in ihnen könnte schließlich ein weiteres Püppchen stecken, in dem noch ein Püppchen steckt.

Da ist kein Ende in Sicht. So etwas nennt man einen unendlichen Regress. Jeder Schritt, den man macht, um an ein Ende zu kommen,

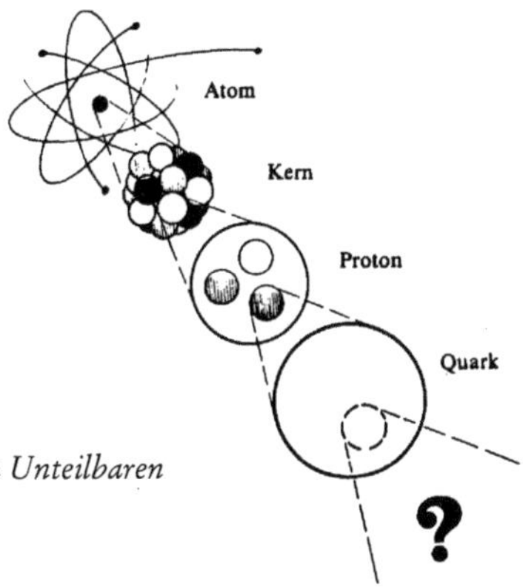

Die Jagd nach dem Unteilbaren

reproduziert die Schritte, die man schon gemacht hat, bevor man mit diesem angeblich letzten Schritt begann. Indem wir ein wenig mit Worten spielen, können wir sagen, daß sich beim infiniten Regress jeder Schritt, der ihn abschließen will, als vorläufig »entpuppt«.

Nun habe ich diese kleine Geschichte von den russischen Puppen und jenen Letztbausteinen der Materie, die man nach Gellman Quarks nennt, mit einer ganz bestimmten Absicht erzählt. Sie lehrt uns etwas über selbstorganisierte Systeme. Oder etwas genauer: sie zeigt uns, was passiert, wenn man mit selbstorganisierten Theorien über Letztbausteine spricht. Jetzt wird man fragen, was denn russische Puppen mit selbstorganisierten Theorien zu tun haben? Nun, das ist ganz einfach. Russische Puppen bestehen aus russischen Puppen, russische Puppen implizieren, wenn man sie auseinandernimmt und analysiert, stets sich selbst. Die Bestandteile, aus denen russische Puppen gemacht sind, sind wieder russische Puppen. Russische Puppen sind, um es in einem Wort zu sagen, standardisiert. Das ist der Grund, warum man russische Puppen mit selbstorganisierten Systemen vergleichen kann. Es gibt nichts fremdes in ihnen.

Soweit zum Vergleich. Und jetzt zurück zur Ausgangsfrage. Was zeigt er uns? Ich sagte es schon: er zeigt uns, was aus den Letztbausteinen eines Gegenstands wird, sobald man eine selbstorganisierte Theorie auf sie richtet. Er zeigt uns, und das ist die Antwort, daß es dann keinen solchen Letztbaustein mehr gibt. Das können wir umformulieren und sagen, daß es für selbstorganisierte Theorien keinen Anfang gibt.

In jedem Anfang steckt der ganze Weg, der zu ihm führt. Er enthält ihn, er ist zum Platzen voll. Und er platzt tatsächlich, wenn man ihn nur zu öffnen weiß. Das zeigt uns die Verwandschaft, die zwischen russischen Puppen und selbstorganisierten Theorien besteht. Warum ist des so? Warum verwandeln beide Systeme das, was man mit einem Anfang zu bezeichnen pflegt, in eine abgeleitete Größe? Um diese Frage zu beantworten, braucht man ein wenig Lust an sophistischen Tricks.

Was ist ein Anfang? Ein Anfang ist auf jeden Fall etwas, an dem etwas beginnt. Etwas hört auf und etwas fängt an. Natürlich ist das sehr allgemein ausgedrückt, fast tautologisch und doch zeigt uns selbst diese rudimentäre Definition des Begriffs vom Anfang, worauf es hier ankommt. Wenn etwas anfängt, hat auch etwas aufgehört. Damit etwas im wahren Sinne des Wortes »anfangen« kann, muß etwas anderes aufgehört haben. Daraus können wir ableiten, daß sich im Anfang von irgendetwas mindestens zwei Sachen berühren. Die Sache, die anfängt und die Sache, die aufhört. Also ist kein Anfang bloß ein Anfang. Jeder Anfang ist auch ein Ende, in jedem Anfang endet das, was vor ihm war. Ganz gleich was es ist, markiert dieses Etwas, das vor jedem Anfang liegt, damit es einen Anfang geben kann, etwas, das diesem Anfang entgeht. Vor einem Anfang muß schließlich etwas anderes als dieser Anfang gewesen sein – wie sonst könnte sich ein Anfang Anfang nennen!

Damit aber treffen wir die Schwierigkeit, die selbstorganisierte Systeme mit Anfängen haben, auf den Kopf. Selbstorganisierte Systeme sind selbstorganisiert und haben keinen Anfang. Wieso? Weil, wie wir soeben gesehen haben, in jedem Anfang auch etwas anderes als dieser Anfang steckt. In selbstorganisierten Systemen soll aber nichts anderes als sie selber stecken. Was machen sie also? Ganz einfach: sie schieben ihren Anfang auf. Oder um es mit einem Ausdruck zu sagen, der uns schon bei den Quarks in ihren russischen Puppen bzw. Atomen begegnet ist: sie verwandeln ihn in einen infiniten Regress. Der infinite Regress, das ist eine bevorzugte Gestalt, die selbstorganisierte Systeme ihrem Anfang geben. Auf diese Weise fangen sie in gewissem Sinne nie an, auf diese Weise umgehen sie das Problem, daß in jedem Anfang auch etwas von dem spürbar bleibt, was vorher war. So ungefähr könnte eine erste Antwort auf die Frage lauten, was selbstorganisierte Systeme aus Letztbausteinen, was sie aus Bausteinen machen, mit denen alles anfangen soll. Die Quarks sind solche Bausteine. Die Quantenmechanik ist eine solche Theorie. Und weil das so ist, stürzen wir uns jetzt zusammen mit ihr in einen, in ihren Regress.

Die erste Schachtel, die wir öffnen, kennen wir schon. Wir stellen uns vor, daß ihre Größe von den Umlaufbahnen der jeweiligen Elektronen vorgegeben wird. Wir schauen in sie hinein und sehen in ihrer Mitte den Atomkern, der von flirrenden Teilchen umkreist wird. Wieviele dieser Teilchen wir sehen hängt ganz davon ab, welches Element die Schachtel enthält. Wasserstoff, Helium oder Uran, manchmal ist die Schachtel fast leer, dann wieder bis zum Bersten voll. Wo finden wir nun die nächste Schachtel, wo finden wir die Schachtel, die in dieser Schachtel steckt? Das hängt davon ab, was im Atom man alles öffnen kann. Wir haben also die Wahl. Entweder wir betrachten die Elektronen oder den Kern als weitere Schachtel.

Nun, ich entscheide mich für den Atomkern. Nicht weil man nicht auch Elektronen öffnen könnte, sondern weil wir schon wissen, was in ihm steckt. Auch hier richtet sich das, was wir beim Öffnen der Schachtel sehen, nach dem Element, das sie bildet. Nur daß dieses Mal die äußere Begrenzung unserer Box nicht von Elektronen, sondern von Protonen und Neutronen gebildet wird. Sie füllen die Schachtel und entsprechend ihrer Anzahl ist sie groß oder klein. Mag es vorher die elektrische Kraft gewesen sein, die unsere Schachtel zusammenhielt, ist es jetzt die sogenannte starke Kernkraft. Materialisiert in den von Yukawa vorausgesagten Teilchen, hält sie die Protonen und Neutronen zusammen und verhindert, daß die Schachtel auseinanderfliegt. Und was kommt jetzt? Wo finden wir die Schachtel in dieser Schachtel, die nächste Schachtel? Wieder haben wir die Wahl. Wir können jene Teilchen öffnen, die die Protonen und Neutronen des Atomkerns zusammenhalten oder diese selbst. Ich entscheide mich für ein Proton und mache es auf. Und wieder ist die Schachtel nicht leer, sondern voll. Wieder steckt in ihr eine Art Abbild der vorhergehenden Schachtel. Wieder stecken in ihr Teilchen und Kräfte, die sie zusammenhalten. Diese Teilchen sind die Quarks. Drei gibt es in jedem Proton. Um sie zu unterscheiden hat man ihnen eine imaginäre Orientierung gegeben. Zwei Aufwärts- und ein Abwärtsquark stecken in der Schachtel, die vom Proton gebildet wird. Ähnlich verhält es sich mit der anderen Schachtel. Sie heißt Neutron und enthält ein Aufwärts- und zwei Abwärtsquarks. Auch diese Schachteln sind stabil. Nach der elektrischen Kraft und nach der starken Kernkraft muß es also eine weitere Kraft geben, die für den Zusammenhalt der Partikel sorgt, die im Atomkern sind. Und weil es sich bei den Schachteln, die wir eine

Selbstverstärkung

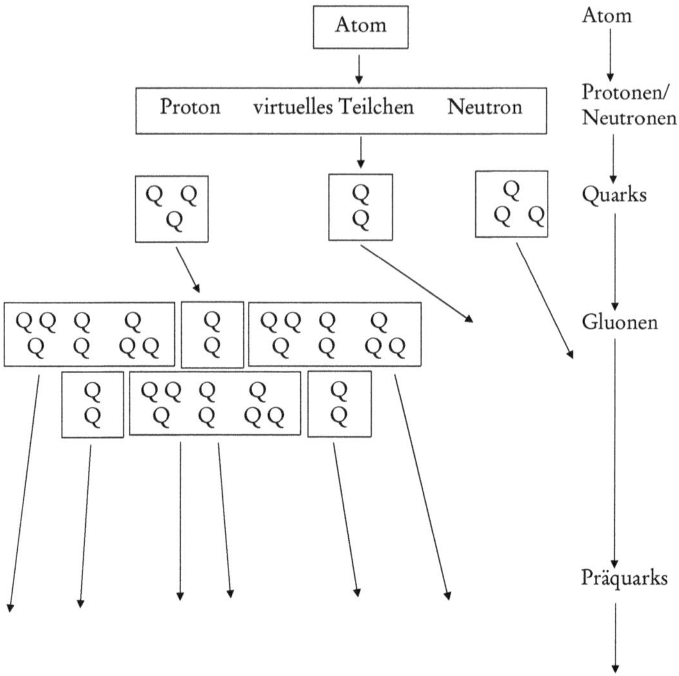

nach der anderen öffnen, um Schachteln handelt, die ineinander stecken, ist die Kraft, die zwischen den Quarks herrscht, der Kraft nachgebildet, die Neutronen und Protonen verbunden hat. Wir sind wie zwischen Spiegeln gefangen, wir finden Bilder in Bildern, wir sehen den Regress. Zwischen den Quarks, die ihrerseits Neutronen und Protonen ergeben, zwischen denen Yukawas Teilchen wirken, wirken wieder andere Teilchen, die sich wie Yukawas Teilchen als Kraft materialisieren. Diese Kraft heißt Farbkraft. Und wir erkennen, daß die Geschwindigkeit, mit der ein unendlicher Regress sich in sich selbst vertieft, zunimmt. Wir erkennen, daß die Selbstähnlichkeit, die ihn bestimmt, immer stärker wird. Gab es zwischen Atomkern und ihn umkreisenden Elektronen noch Unterschiede, war die Kraft, die die Elektronen an diesen Kern bindet, noch von den Kräften, die den Kern beherrschen, verschieden, gleichen sich die Schachteln, die wir in diesem Kern geöffnet haben, bis aufs Haar. Da gibt es von Kräften zusammengehaltene Teilchen, die wieder aus Teilchen bestehen, die von Kräften zusammengehalten werden. Doch damit nicht genug. Auch diese Kräfte zwischen Teilchen sind ihrerseits Teilchen, die Kräften ausgesetzt sind. Wobei die Kräfte, die sie verspüren, natürlich erneut auch Teilchen sind, auf die erneut Kräfte wirken, die auch Teilchen sind, auf die Kräfte wirken. Hier gibt es kein Ende. Das ist der Regress.

Starke Kernkraft, dann Farbkraft, dann die Kraft in dieser Kraft. Nach den Leptonen und Baryonen, jenen Teilchen, die in der ersten Schachtel stecken, nach den Protonen und Neutronen in der zweiten Schachtel, den Aufwärts- und Abwärtsquarks in der dritten Schachtel, wird es Präquarks und Präonen geben, die eine vierte Schachtel bilden, in der es noch kleinere Teilchen zu finden gibt. Und daß diese Verschachtelung in immer stärkerem Maße auch für die Kräfte gilt, die zwischen den jeweiligen Teilchen herrschen, zeigt uns, wie ein Regress funktioniert. Er beschleunigt sich, er gräbt sich immer tiefer in sich ein, er verwickelt sich immer stärker in sich selbst. Ab einer bestimmten Stufe gruppiert und organisiert er ausschließlich die Bestandteile seiner selbst in sich selbst, er nimmt kein Material mehr auf, er kommt mit sich selber aus, er organisiert sich selbst, er bleibt bei sich selbst; er beschränkt sich auf sich selbst, er löst sich von allem anderen ab, er hat nichts anderes mehr nötig. In einem Satz: nachdem sich der Regress selbstorganisierter Systeme genügend selbstverstärkt hat, isoliert er sich selbst.Oder genauer: die Selbstverstärkung eines selbstorganisierten Systems gelingt in dem Maße wie es sich von allen Einflüssen und Ressourcen abspaltet und dadurch autonomisiert.

Nun wird man sich fragen, was das alles mit Physik zu tun hat? Gibt es auch nur einen Versuch, der irgendwie auf jener Linie liegt, die die Selbstorganisation von Theorieformen mit der Selbstisolation ihrer Ergebnisse verbindet? Es gibt ihn. Und er ist bedeutend. Er ist so bedeutend, daß er den Quantenmechanikern keine Ruhe läßt und sie zu ständig neuen Anstrengungen sowohl theoretischer wie praktischer Art herausfordert.

Hier das Resultat: In der Quantenmechanik können die Quarks nicht von den Partikeln, in denen sie sich befinden, abgelöst werden. Sie stecken in einer der Schachteln, die wir geöffnet haben, und kommen nicht heraus. Daß sie da sind, bezweifelt kaum jemand. Jedenfalls niemand, den man ernst nimmt. Wie Kerne stecken sie in der Frucht. Trotzdem gibt es keinen Weg und kein Mittel, an sie heranzukommen. Dieser Umstand ist ungewöhnlich. Dieser Umstand ist rätselhaft. Was hat man nicht alles für Erklärungen versucht! Da soll es Bindungen zwischen den Quarks geben, die kaum Nah-, dafür aber gewaltige Fernwirkungen haben. Sie erlauben ihnen jede Bewegung, wenn sie nur nahe genug zusammen bleiben. Entfernen sie sich jedoch voneinander, werden diese Kräfte unnachgiebig stark. So soll erklärt werden, daß Quarks in den Partikeln, die sie bevölkern, separat angetroffen werden können und doch nicht von ihnen zu trennen sind. Bizarre Erklärungen für eine bizarre Welt. Ich glaube, daß man es einfacher haben kann.

Die Quarks sind nicht isolierbar, weil sie sich auf einer weit fortgeschrittenen Stufe des von mir beschriebenen Regresses befinden. Anders ausgedrückt, die Quarks sind nicht isolierbar – weil sie sich isoliert haben.

Das ist der Effekt selbstorganisierter Theorien, auf den ich angespielt habe. Auf ihre Selbstverstärkung folgt ihre Selbstisolation. In sich verloren und auf sich bezogen, verwickeln sich selbstorganisierte Theorien in sich selbst. Wenn man so sagen kann, schneiden sie sich von der Welt,aus der sie kommen und die sie umgibt, ab.

Und was für die Theorie gilt, gilt auch für ihre Objekte, gilt für die Verschachtelung, in die sie ihre Lehre von den Elementarbausteinen der Materie überführt.

Nahezu jede ausgereifte Theorie befaßt sich mit der Frage, wo und womit sie anfängt. Das tut auch eine selbstorganisierte Theorie. Allerdings wird die Antwort, die sie auf diese Frage gibt, durch eine ganz bestimmte Form charakterisiert: Sie gibt sie nicht, sie schiebt sie auf. Natürlich kann man diesen Aufschub auch in der Quantenmachanik finden. Schließlich ist sie eine selbstorganisierte Theorie. Ich möchte hier nicht entscheiden, ob die Gestalt, die sie diesem Aufschub gibt, einmalig ist. Die Behauptung, daß man sie auch in anderen Wissenschaften findet, ist nicht allzu kühn. In gewisser Weise erinnert jener Regress, der in der Unisolierbarkeit seiner Bestandteile »endet«, an Theoriefiguren der idealistischen Philosophie. Das soll kein Werturteil sein. Das soll nur ein weiteres Mal andeuten, daß die Ergebnisse selbstorganisierter Theorien nicht von ihren Gegenständen vorgegeben werden. So folgt auch der Brückenschlag vom virtuellen Teilchen bis hin zum Quark eher einer Systemdynamik. Diese Dynamik ist »selbstverwickelt«. Wobei ich dieses Wort gewählt habe, um auszudrücken, daß sie selbstbestimmt, daß sie selbstorganisiert ist. Das fängt schon beim Konzept des virtuellen Teilchen an. Sie sind auf eine wie auch immer vorzustellende Weise Materialisiationen unscharfer Energie. Was ist Unschärfe? Unschärfe ist das Abfallprodukt, oder vornehmer ausgedrückt, das Medium mit bzw. in dem sich selbstorganisierte Theorien bilden. Das haben wir kennengelernt. Das war bei der Wellenfunktion so und ist beim Doppelspaltversuch nicht anders gewesen. Wo es Unschärfen gibt, gibt es Selbstorganisationen. Das ist ein Grund, warum sich das virtuelle Teilchen so gut als selbstverwickeltes Teilchen auffassen läßt. Es als Kraft zu begreifen, die auf sich selber wirkt, formuliert den Zusammenhang zwischen Unschärfe und Selbstorganisiation aus. Als materialisierte, als Gestalt gewordene Unschärfe ist ein virtuelles Teilchen im Rahmen einer selbstorganisierten Theorie gedacht und muß deshalb selbstverwickelt sein. Dabei wird die Vorstellung von einer Kraft, die auf sich selbst einwirkt, mittels jener Quarks erreicht, die die Antwort auf die Anfänge der Quantenmechanik vertiefen. Weil die Quarks, aus denen die virtuellen Teilchen bestehen, mit jenen Quarks identisch sind, aus denen sich die Teilchen zusammensetzen, auf die sie wirken – wirken virtuelle Teilchen auf sich selbst. So wird es immer deutlicher, daß die Antwort, die die Quantenmechanik auf die Frage nach den Ursprüngen ihrer Gegenstände gibt, ein Effekt ihrer eigenen Theoriestruktur ist. Diese Gegenstände sollen zirkelförmig, sie sollen selbstverwickelt, diese Gegenstände sollen selbstorganisiert sein. Das ist das, was ich eine Selbstverstärkung genannt habe. Auf der anderen Seite beginnt damit auch jene Selbstisolation, die ihre Kehrseite ist. Quarks bekommt man aus den Teilchen, die sie bilden, nicht heraus. Meine Erklärung für diese bizarre Eigenschaft lautet, daß Quarks schon viel zu weit im selbstverwickelten Regress einer selbstorganisierten Theorie stecken, als daß sie noch erreichbar wären. Natürlich sieht die Antwort der Quantentheoretiker anders aus. Sie haben sich eine Kraft gedacht, die ganz besonders beschaffen ist. Sie wirkt nicht nah, sie wirkt fern. Diese Kraft nennen sie superstarke Farbkraft. Ihre Eigenschaften näher zu studieren ist nicht uninteressant. Insbesondere ergibt sich, daß bei ihr die Selbstverwicklung mit der Unisolierbarkeit ihrer Bestandteile zusammenfällt. Um diese Kraft zu verstehen, müssen wir uns an das Quarkmodell erinnern. In Elementarteilchen stellt man sich jeweils drei von ihnen vor. Ihre Kombinationsmöglichkeiten sind nicht willkürlich. Sie gehorchen vielmehr den Regeln, die auch beim Mischen von Komplementär- und Primärfarben zu beachten sind. Wichtig ist nun die Annahme, daß alle beobachtbaren Partikel, also alle Teilchen, die aus je drei Quarks gebildet sind, »weiß« sein sollen. Damit sind die Kombinationsmöglichkeiten dieser Quarks beschränkt. Zwar gibt es mehrere Möglichkeiten, durch Mischen einzelner Farben, die Farbe »Weiß« zu erzeugen, doch nicht beliebig viele. Also gehorchen die Quarks im Inneren der Teilchen einem Gesetz. Wie sie auch angeordnet sein mögen, zusammen erscheinen sie weiß. Es gibt zwei grundsätzliche Methoden, dieses »Weiß« zu erzeugen. Die eine Möglichkeit besteht darin, daß man drei Primärfarben addiert. Bei der anderen werden zwei Farben, eine Primär- und deren Komplementärfarbe gemischt. Das gibt uns nun schon einen recht deutlichen Hinweis darauf, was das Mischen von Farben mit den Elementarbausteinen der Materie zu tun haben kann. Schließlich finden sich je drei Quarks in diesen Teilchen, während zwei von ihnen jene Kraft bilden, die Yukawa erfand, um sie zusammenzuhalten. Durch geschickte Kombination kann jede dadurch vorgegebene Ansammlung von Quarks letztendlich die Farbe »Weiß« ergeben. Rot, Grün und Blau – so beispielsweise könnte ein weiß erscheinendes Proton in seinem Inneren vermischt sein.

Fragen wir uns jetzt, was die bunten Quarks mit der Farbkraft zu tun haben, Nun, diese Kraft soll, wie vorher die Starke Kernkraft zwischen den Protonen und Neutronen, zwischen den Quarks in diesen Protonen und Neutronen wirken. Um sie zu übertragen, hat man sich neue Partikel ausgedacht, die Gluonen. Sie sollen, wie schon Yukawas Teilchen, eine Kraft materialisieren, die für den Zusammenhalt der Quarks selber sorgt. Also handelt es sich bei der Farbkraft um eine Kraft in einer Kraft. Sie sorgt, anders gesagt, für den Zusammenhalt von Partikeln, die ihrerseits für den Zusammenhalt von Teilchen sorgen. Deshalb ist es berechtigt, die Farbkraft auf einer weit fortgeschrittenen Stufe selbstverwickelter Theorieformen anzusiedeln. Dem hat man Rechnung getragen und sie als eine Art »Zeichnung auf den Farben der Quarks« aufgefaßt. Als Farbe in einer Farbe, als Muster in einem Muster, als Bild in einem Bild. So manifestiert sich ein Regress. Die Farbkraft ist die Manifestation des Regresses, der entsteht, sobald selbstorganisierte Theorien nach dem Anfang fragen.

Neben der Selbstverwicklung, die ich auch Selbstverstärkung genannt habe, bildet die Vorstellung von der Farbkraft die Tendenz zur Isolation ab, der selbstzentrierte Systeme erliegen. Sie wirkt wie ein Schwarzes Loch, sie zieht alles an, trennt es von seiner Umge-

Selbstisolation

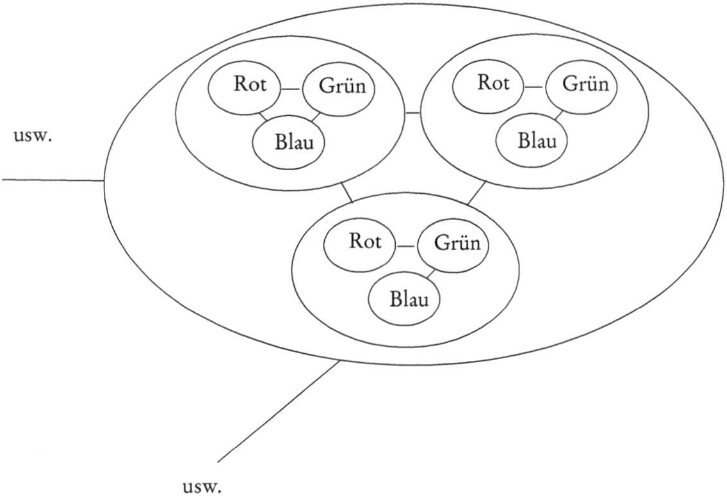

bung ab und hält es fest. Um das zu bewerkstelligen, soll die Farbkraft, wenn sich zwei bunte Quarks einander nähern, nicht etwa zunehmen. Im Gegenteil. Wenn zwei Quarks in nächste Nähe zueinander geraten, nimmt die Kraft, die zwischen ihnen wirkt, immer weiter ab. Die Umkehrung dieses Bildes liefert dann die Erklärung dafür, warum Quarks, die der Farbkraft unterliegen, nicht isoliert werden können. Wenn eine Kraft bei Annäherung der Partikel, auf die sie wirkt, abnimmt, nimmt sie zu, sobald sich diese Partikel voneinander entfernen. Damit entsteht eine Art »Sack«, in dem die Quarks ihr buntes Leben führen. An seinen Rändern sind sie so stark in ihm verhaftet wie nirgendwo sonst. Auf diese Weise zeigt die Farbkraft in dem Maße wie sie den Regress selbstverwickelter Systeme in einem fortgeschrittenen Stadium repräsentiert – die isolationistische Tendenz dieser Systeme. Sie sind selbstverwickelt, sie sind selbstverstärkt und deshalb selbstisoliert.

Man muß sich dieses Zusammentreffen von selbstverwickelten und selbstisolierenden Momenten ein- und desselben Denkmodells auf der Zunge zergehen lassen! Besteht doch kaum ein Zweifel daran, daß eine solche Koexistenz bizarrster, und ich wähle den Komperativ ganz bewußt, Vorstellungen und Phantasien nicht zufällig sein kann. Hier wirkt eine Dynamik. Hier wirkt ein strukturbildendes Gesetz. Natürlich nimmt kein Physiker die Farben der Quarks tatsächlich an. Kein Physiker glaubt wirklich an die Farbkraft als

Zeichnung auf Zeichnungen. Ebensowenig haben die Vermutungen über die Gefangenschaft der Quarks als Wirkung dieser Kraft für sich genommen sehr viel Überzeugungskraft. Und doch stehen all diese Bilder beisammen, haben sie sich zwanglos ergeben. Statt also eine mehr als unwahrscheinliche Anhäufung willkürlicher Zufälle hinter ihnen zu sehen, nehme ich einen Zusammenhang an. Mag die Idee vom bunten Quark, die an sich schon seltsam genug ist, irgendwie entstanden sein, zufällig, planlos. Mag auch die Idee von der fern stark wirkenden Kraft zwischen diesen Quarks igendwie entstanden sein, zufällig, planlos. Daß sie zufällig und planlos dann auch noch aufeinander gestossen sind – an diesen Zufall glaube ich nicht. Hier wirkt sich kein Zufall hier wirkt sich eine Gesetzmäßigkeit aus. Hier verbindet sich die Selbstverstärkung einer selbstorganisierten Theorie mit jener Selbstisolation, die ihre Kehrseite ist. Das ist der Grund, der die Farbkraft zugleich den weitmöglichst entwickelten Regress, also die Selbstverstärkung, und die Isolation seiner Bestandteile verwirklichen läßt. So etwas denkt man sich nicht aus. So etwas ist ein Effekt.

3. *New Age*

Wenn das alles so ist, warum soll es dann noch Letztbausteine der Materie geben? Nun, das ist eine berechtigte Frage. Das ist eine Frage, die uns zu einer Auslegung der Quantenmechanik führt, die auf eine Idee Heisenbergs zurückgeht. Sie wurde von Geoffry Chew ausgearbeitet und anschließend von Fritjow Capra popularisiert. Diese Auslegung der Quantenmechanik zieht den Prozeß, mit und dem sich ihre Gegenstände bilden, diesen Gegenständen vor. Alles ist Ereignis, so könnte man salopp beschreiben, um was es geht.

Es liegt auf der Hand, daß das mit dem Regress und seiner Selbstisolation, die ich beschrieben habe, zusammenhängt. Ich möchte das begründen.

Ein Gegenstand, der als Bestandteil eines Regresses auftaucht, verschwindet auch in ihm. Das ist eine logische Konsequenz dessen, wodurch wir einen Regress definieren: er hört nicht auf. Er steht nicht still. Was immer sich als Etappe eines solchen Regresses bilden mag, es vergeht. Natürlich soll das nicht heißen, daß ein Regress irgendwann »leer läuft«. Ganz im Gegenteil. Wenn es so etwas wie einen unendlichen Regress gibt, und es sieht ganz danach aus, wird er dadurch gebildet, daß sich die Geschichte eines Objekts, daß sich das, woraus ein Objekt irgendwann einmal entstanden ist, in diesem Objekt wiederholt. Diese Wiederholung, das macht einen Regress aus. Ich möchte das noch einmal an unserem Beispiel verdeutlichen.

Der Atomkern besteht aus Protonen und Neutronen. Diese Elementarteilchen werden durch die Starke Kernkraft zusammengehalten. Die Starke Kernkraft selbst ist dabei ebenfalls als Teilchen gedacht. So erhalten wir die Bestandteile des Atomkerns: seine Protonen und Neutronen, sowie die Mesonen dazwischen. Das ist seine Struktur, darin spielt sich, wenn man so will, die »Geschichte« des Atomkerns ab. Wenn wir nun daran denken, daß sich genau diese Struktur, genau dieses Bildungsgesetz, diese, wie ich gesagt habe, »Geschichte« – in den jeweiligen Bestandteilen des Atomkerns wiederholt, ist das der Augenblick, in dem der Regress beginnt. Jedes Proton und jedes Neutron besteht wiederum aus Elementarteilchen, die ihrerseits durch eine superstarke Kraft verbunden werden. Mittlerweile sind uns die Namen dieser Wiederholung geläufig. Es sind die Quarks mit jener Farbkraft zwischen ihnen, die die Starke Kernkraft zwischen Neutronen und Protonen ersetzt. Und weil wir es mit einem Regress zu tun haben, ist damit noch lange kein Ende in Sicht. Die Quarks ihrerseits werden in sich zusammengehalten, sozusagen verleimt, wie auch die Farbkraft neuerlich aus Teilchen besteht. Noch mag es der Namen ermangeln, die diese Teilchen in den Teilchen von Teilchen bezeichnen sollen. Noch mögen die Energien fehlen, die sie freisetzen könnten. Entscheidend ist, daß es weitergeht. Daß es kein Halten gibt. Und wenn das stimmt, wenn es tatsächlich immer weitergeht, dann genießt dieses Weitergehen Priorität. Es genießt Priorität vor den Dingen, vor den Gegenständen und Objekten, an und mit denen es sich vollzieht. Wie soll man dieses Weitergehen nennen, das sich den Gegenständen vorordnet? Die Antwort haben wir schon gehört. Sie führt zur Geoffry Chew und Fritjow Capra zurück. »Alles ist Ereignis.« Damit kann man den Regress bezeichnen, der sich im Innern der Atome von ihren Bestandteilen löst. Mittlerweile ist es gelungen, ein rechnerisches Instrumentarium zu bilden, das zu dieser Auffassung paßt. Wir wollen es uns ansehen.

Sein Schlüsselbegriff heißt S-Matrix. Ursprünglich ist er von Heisenberg vorgeschlagen worden, der von ihm als einer Art Verzeichnis all jener Streuungen (daher S-Matrix) ausgegangen ist, die Partikel bilden, sobald sie einander berühren. Dabei waren Heisenberg und seine Nachfolger weniger an den genauen Reaktionen interessiert, die sich bei solchen Berührungen bzw. Kollisionen bilden. Sie interessierte statt dessen die Ausgangslage und das Resultat. Eine S-Matrix gibt den, wenn man so sagen kann, In- und Output von Teilchenreaktionen an. Sie verzichtet auf die detaillierte Angabe, wann welches Teilchen wo, wie und warum auf ein anderes Teilchen trifft. Wir brauchen uns jetzt nur klar zu machen, was bei solchen Zusammenstößen passiert. Danach werden wir verstehen, was Heisenbergs Idee für Chew und Capra so attraktiv gemacht hat.

Bei Zusammenstößen von Teilchen werden Energiebeträge freigesetzt. Diese Energien können sich, das wissen wir, zu neuen Teilchen verfestigen. Bei Zusammenstößen werden aber auch Teilchen zerstört. Sie prallen auf andere Teilchen und splittern auf. Wenn nun die S-Matrix, die sich Heisenberg ausgedacht hat, auf die genaue Analyse dieser Kollisionen verzichtet und »nur« deren Ergebnisse verzeichnet, worauf verzichtet sie dann? Sie verzichtet darauf, Partikel bis in ihre Umwandlung hineinzuverfolgen. Und statt dessen? Was tritt an die Stelle einer genauen Analyse der Spuren, die Teilchen bei Kollisionen hinterlassen? An die Stelle dieser, wenn man so sagen kann, »Geschichte« der Teilchen, tritt deren Verwandlung.

Jetzt können wir sagen, warum Heisenbergs Idee die schon angedeutete Wirkung entfalten konnte. Weil eine S-Matrix die Umwandlungen von Teilchen der Analyse dieser Teilchen vorzieht. Deshalb läßt sie sich gut mit jenem Ereignischarakter zusammenbringen, dem Chew und Capra die traditionelle Auffassung vom festen, unveränderlichen Teilchen untergeordnet haben. Das wird besonders deutlich, wenn wir uns eine spezielle Eigenschaft der S-Matrix näher ansehen: ihre Kreuzungs-Eigenschaft bzw. ihr Crossing.

Stellen wir uns zwei Partikel vor. Stellen wir uns ein Meson und ein Proton vor. Stellen wir uns weiter vor, daß sie miteinander reagieren. Wir erfassen diese Reaktion in einer S-Matrix. Hier also der Input. Nebeneinander und noch berührungslos ein Proton und ein Meson. Daraus kann alles mögliche entstehen. Erinnern wir uns an die Feinstruktur. Denken wir an die Quarks in diesen Teilchen. Wenn wir dann noch die Energien hinzufügen, die ihre Begegnung, die ihre Reaktion freisetzen wird, müssen die Spekulationen über den Output der Reaktion recht vielfältig werden. Um die Crossing-Eigenschaft einer S-Matrix anzudeuten, müssen wir uns jedoch auf eine ganz andere Vielfalt beziehen. Wir beziehen uns nicht auf die Vielfalt, die entsteht, sobald Teilchen in ihre Bestandteile zerplatzen.

Ausgangsmatrix

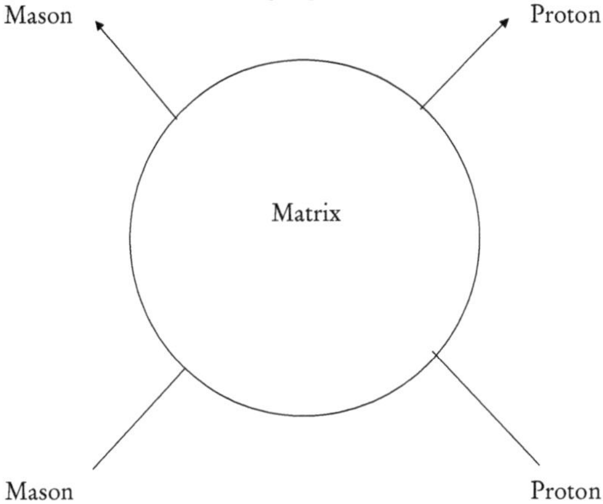

Gekreutzte Matrix

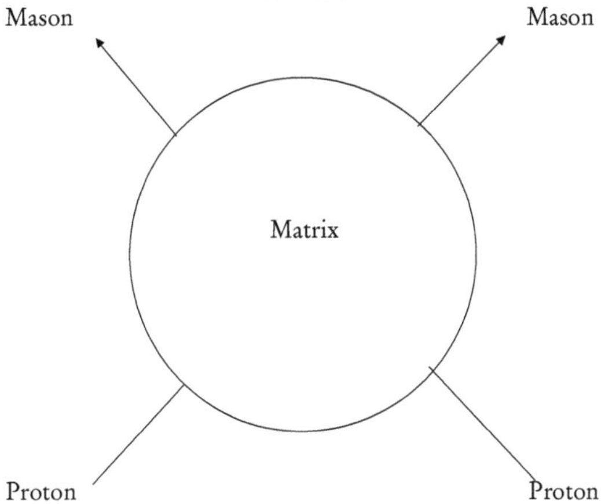

Wir beziehen uns statt dessen auf jene Vielfalt, die man aus der S-Matrix selber erzeugt. Wie ich schon dargelegt habe, geht es bei der S-Matrix nicht um die Details von Reaktionen. Es geht um Input und Output. Das ist alles. Um das zu verstehen, sehen wir uns eine beliebige Matrix näher an. Ich sagte, daß sich ein Proton und ein Meson begegnen. Soweit zum Input. Was kommt dabei heraus? Nun, das kann man so einfach nicht sagen. Das liegt an der jeweiligen Reaktion. Das ist auch vom Zufall von beliebigen Randbedingungen abhängig. Wir könnten sogar annehmen, daß bei unserer Reaktion genau das als Resultat herauskommt, was als Anfang in sie einging. Daß ein Proton und ein Meson den Output bilden. Daß Inpu_ und Output identisch sind. Nehmen wir das an. Was ist mit der Vielfalt von Reaktionswahrscheinlichkeiten geschehen? Zugegeben, Eingang und Ergebnis, die von unserer Matrix ausgeworfen werden, sind ähnlich. Hier wie dort ein Proton und ein Meson. Was auch immer zwischen In- und Output geschehen sein mag in ihnen findet es keinen Niederschlag. Zwischen Anfang und Schluß liegt eine Begegnung von Teilchen, die zur Black Box geworden ist. Bis jetzt sieht es so aus, als könne keine Rede davon sein, daß eine S-Matrix ihre Gegenstände in Ereignisse verwandelt. Gerade das dynamische Geschehen, das zwischen In- und Output der Matrix liegt, wird ausgeblendet. Was wir erhalten, was vor uns liegt – sind Teilchen, Teilchen jenseits bzw. diesseits ihrer Reaktion. Das alles ändert sich, sobald wir das Crossing der Matrix berücksichtigen, ihre Kreuzungs-Eigenschaft.

Denken wir uns den Reaktionskanal von unten nach oben laufend. Seine Eingänge sind, das wissen wir längst, von einem Proton und einem Meson besetzt. Seine Ausgänge auch. Dazwischen kollidieren Proton und Meson, dazwischen gehen sie vielfältige Verbindungen ein. Wir kennen sie nicht. Sie interessieren uns nicht. Was uns jetzt interessiert, ist, daß wir diesen Kreuzungskanal um seine eigene Achse drehen können! Wir drehen ihn beispielsweise um 90 Grad. Was geschieht? Die Eingänge verschieben sich. Je ein Eingang bildet mit einem Ausgang ein neues Paar. Also erhalten wir wieder zwei Eingänge und zwei Ausgänge. Nur sind sie dieses Mal ganz anders besetzt. Am Input der neuen, der gekreutzten und um 90 Grad gedrehten Matrix finden wir jetzt zwei Protonen und den Output bilden zwei Mesonen. Damit hat sich das gesamte Reaktionsmuster verändert und variiert. Was sich in der neuen, der gedrehten Matrix abspielt, ist nicht mit dem zu vergleichen, was vorher, was in der nicht gedrehten, was in der Ausgangsmatrix geschah. Diese Veränderung ist nicht aus einer neuen Teilchenkonstellation entstanden. Sie ist aus einer Veränderung des Schemas entstanden, das diese Konstellationen repräsentiert. Und da diese Variationen gültig sind, da sie erlaubt sind, zeigen sie uns, daß die Teilchen, die den Input und Output einer S-Matrix bilden, untergeordnete Bedeutung haben. Ihnen vorgeordnet ist die Matrix in der sie sich begegnen und neu organisieren. Die Matrix entscheidet über Input und Output. Über Anfang und Resultat. Über Teilchen und ihre Verteilung. Das aber hat ganz entschieden mit jenem Ereignischarakter zu tun, dem Chew und Capra diese Teilchen untergeordnet haben.

Das Crossing einer S-Matrix zeigt, daß sie in ihrem ausgesparten Reaktionsgebiet vielfältigste Begegnungen von Teilchen zulassen kann. Nur weil das so ist, können In- und Output einer Matrix in der Weise variiert werden, die ich angedeutet habe. Ob zwei Protonen oder ein Proton und ein Meson in eine Matrix geschickt werden, das ist egal. Sie kann beides und noch viel mehr integrieren. Wie sie das macht? Ganz einfach. Indem sie das Reaktionsspiel der Teilchen offen läßt.

Natürlich muß dazu eine Bedingung erfüllt sein. Und diese Bedingung bringt uns endllich zum Ereignischarakter der Teilchen. Die Teilchen, die sich in nahezu beliebiger Form in einer Matrix treffen, müssen aus anderen Teilchen zusammengesetzt sein. So kommt es, daß die Variation der Eingangsgrößen doch stets gleichbleibende Reaktionsräume ergibt, daß die Binnenstrukturen noch verschiedenster Partikel vergleichbar bleiben.

Ob sich zwei Protonen oder ein Proton und ein Meson in der Matrix begegnen, jedes Mal setzt sie eine durchaus ähnliche Zahl von Unterteilchen aus diesen Teilchen frei. Deren Kombinationsmöglichkeiten bilden das Fassungsvermögen der Matrix, das auf diese Weise die Zahl der einlaufenden Partikel übersteigt. Weil in den Partikeln weitere Partikel sind, kann eine S-Matrix mehr als bloß ein Reaktionsschema umfassen. So verbindet sich in einer S-Matrix der Ereignischarakter von Partikeln mit ihrer verschachtelten Struktur. Wir können auch sagen, daß sich der Ereignischarakter mit dem Regress verbunden hat.

Daraus hat man erstaunliche Konsequenzen gezogen. Die vielleicht erstaunlichste ist die, daß es keine Teilchen, wohl aber ihre Kombinationsgesetze gibt. Ich will das erklären. Die S-Matrix kann als Organisationsmodell aufgefaßt werden, das die Teilchenebene um genau eine Stufe hinterschreitet. Indem eine Matrix nicht mit Teilchen, sondern mit den Bestandteilen von Teilchen operiert, zerlegt sie sie. Also ist diese Zerlegung elementar. Daß die S-Matrix so gute Ergebnisse bei der Beschreibung von Teilchenkollisionen erzielt hat, kann man sich auf diese Weise erklären: sie simuliert die Kollisionen. Natürlich fallen uns dabei eine ganze Reihe von Schlagworten ein. »Schöpfung aus dem Chaos«, »Geburt der Ordnung aus der Unordnung« mögen zwei davon sein. Worauf es mir dabei ankommt, ist die Rangordnung, mit der diese Begriffe versehen sind. Chaos und Unordnung rangieren vor der Ordnung. Auf die S-Matrix bezogen heißt das, daß jener Innenraum, in den ihre Kanäle münden, wichtiger als das ist, was in ihn gelangt. Und weil in ihn Teilchen gelangen, sind diesen Teilchen die Vermischungen, die Vermengungen ihrer Bestandteile vorgeordnet. Aus diesen Vermischungen wird die Vielfalt erzeugt, die in der Mikrophysik von so großer Bedeutung ist. Das Feuerwerk der Teilchenreaktionen, das man so oft beschrieben hat – hier findet es statt. Hier in der Matrix. Hier, wo ihre Eingänge münden. Hier, wo aus festgefügten Partikeln neue entstehen, stets andere, vielfältig und unaufhörlich variiert. Teilchen und Partikel sind nur Emanationen. Teilchen und Partikel sind nur flüchtige Verfestigungen in einem vielgestaltigen Tanz. Das ist der Grund, warum Chew und Capra von einer dynamischen Teilchenstruktur sprechen. Sie spielen damit auf den Innenraum der Matrix an. Alle Erscheinungen sind in Wahrheit Ereignisse. Diese Aussage bildet die Vermischungen und Vermengungen ab, die in bzw. hinter den scheinbar elementaren Partikeln zu finden sind.

Aus der Gegenüberstellung von festen Partikeln und deren Vermischungen haben Chew und Capra Konsequenzen gezogen. Hier zuerst einmal der Name, den sie für dieses Verhältnis gefunden haben: »Bootstrapping«. Ein Bootstrap ist eine Stiefelschlaufe. Das ist wortwörtlich übersetzt und spielt auf einen Mechanismus an, der sich selber von Ebene zu Ebene, anders gesagt, von Schlaufe zu Schlaufe zieht. Was soll das heißen? Nun, ein Bootstrap kann das Verhältnis, das zwischen den Eingangs- bzw. Ausgsgrößen einer Matrix und dieser selber herrscht, zum Gegenstand haben. Wichtig dabei ist, wodurch dieses »Bootstrapping« geleitet wird. Erinnern wir uns an die Kanäle der Matrix. Ihre Anordnung entscheidet über die Natur der Teilchen, die sie betreten und verlassen. Wenn sich hier etwas, wie man gesagt hat, von Schlaufe zu Schlaufe zieht, mögen es jene Teilchen sein, die aus den vielfältigen Kreuzungen der Matrix entstehen. Sie bilden eine Art höherer Ordnung, eben eine Stiefelschlaufe. Entscheidend allerdings ist, daß sie diesen Bootstrap, dessen Ergebnis sie doch sind, keineswegs beherrschen. Im Gegenteil werden sie von der Matrix und deren Kanälen bedingt.

Also müssen wir sagen, daß es diese Matrix selber ist, die den Bootstrap besorgt. Sie ist es, die sich von Schlaufe zu Schlaufe zieht und dabei ihre Gestalt verändert. Wenn ein Bootstrap beschreibt, wie aus den Vermischungen der Matrix die uns bekannten Teilchen entstehen, beschreibt er, wie diese Matrix sich selber, um im Bild zu bleiben, nach oben schnürt. Sie zieht Teilchen und Partikel aus sich hervor. Bootstrapping.

Womit wir natürlich auf ein Konzept zurückkommen, das uns schon lange beschäftigt. Ein Bootstrap, der die Entstehung von geordneten Strukturen aus Unordnung, der die Entstehung von Teilchen beschreiben und begreifen soll – ist selbst-organisiert. Und diese Selbstorganisation, das sind die Muster und Kombinationen der Matrix. Sie geben vor, was wie, wo und wann entstehen kann. Diese Selbstorganisation bildet die Grundlage für die Erscheinung der Teilchen. Diese Selbstorganisation ist elementarer als sie. Sie ist das Ereignis, auf das man die Teilchen zurückführt. Sie ist das, was wirklich ist. Sie ist das, was real ist. Und wir erkennen, daß auch dieser Deutungsversuch der Quantenmechanik auf eine Verstärkung hinausläuft. Wir erkennen, daß auch Chew und Capra etwas real setzen, was als Theorie begann. Das ist nicht nur eine Behauptung. Dafür gibt es Indizien. Hier sind ein paar davon.

Zwar sind für Chew und Capra die Teilchen, die uns in der Mikrophysik begegnen, nur Illusionen, nur Projektionen unseres Denkens. Nicht aber die Matrix. Nicht aber der Bootstrap. Nicht aber – die Selbstorganisation. Ganz im Gegenteil soll sie eine Art höherer Wirklichkeit verkörpern. Mehr noch, sie soll übergreifend sein. Soll Disziplinen und Weltanschauungen integrieren. Soll, mit einem Wort, um sich greifen. Das aber ist eine Tendenz aller selbstorganisierten Systeme. Sie beglaubigen sich, indem sie wachsen. Sie werden interdisziplinär, sie werden universell.

Diese Neue Universalität hat einen Namen. Er lautet »New Age«. Und weil sich hinter ihm die Verstärkung einer selbstorganisierten Theorie in exemplarischer Weise verbirgt, möchte ich dieses Neue Zeitalter näher betrachten. Das Neue Zeitalter, das Fritjof Capra und mit ihm viele andere einleiten wollen, ist durch einen Systemübergriff gekennzeichnet. Dieser Übergriff ist gewaltig. Er möchte ganze Denktraditionen, ganze Weltanschauungen verbinden. Schon der Titel eines der bekannten Bücher Capras macht deutlich, um was es geht: Das Tao der Physik. Abendländische Naturwissenschaft und fernöstliche Weisheit. Das sind die Extremwerte, die sich gegenüberstehen. Das sind aber auch, zumindest im Neuen Zeitalter, die Gegensätze, die es zu versöhnen gilt. Das ist ein kühner Gedanke. Wie war er möglich? Nun, möglich war er aufgrund von Systemähnlichkeiten, die, trotz aller Systemdifferenzen, zwischen Physik und

Taoismus beobachtet werden können. Ich möchte einige davon nennen.

Stellen wir uns einen Turm vor, der so breit und geräumig wie der Himmel selbst ist. Dieser Turm ist über und über mit Edelsteinen angefüllt. Ausgekleidet seine Wände, bedeckt seine schier endlosen Ebenen. In dieser Pracht sind andere Gebäude angelegt. Zahllose Paläste, Veranden, Fenster, Treppen, Geländer und Passagen. Alle wieder über und über mit Edelsteinen bedeckt und gefüllt. In diesen Gebäuden sind weitere edelsteinübersäte Gebäude, in denen wieder Gebäude zu finden sind, deren Wände, Dächer und Böden von Edelsteinen glänzen. Das ist wie ein Schacht, das zieht den Blick in sich hinein, öffnet sich endlos. Doch ist das nicht alles. Ist nur ein Turm, in dem wieder ein anderer steckt. Seinerseits mit Gebäuden und Edelsteinen gefüllt. Und in diesem Turm wird es einen weiteren Turm geben. Kein Ende in Sicht. Das ist ein Regress. Das ist aber auch, und damit kommen wir zur ersten Ähnlichkeit zwischen moderner Physik und Taoismus, eine Passage aus dem Sutra, die das vollkommene Netzwerk des Universums so abbilden will, wie es im Buddhismus erscheint. Wichtig dabei ist, daß kein Ding, kein Objekt und Subjekt für sich selber besteht. Sie alle sind miteinander verbunden. Für diese Verbindung steht das Bild der in Türme geschachtelten Türme. In ihnen berührt sich alles mit allem. Sobald man eine feste, für sich bestehende Ebene erreicht zu haben glaubt, löst sie sich auf und gibt den Blick auf eine unter ihr liegende Ebene frei. So geht es von Stufe zu Stufe. So geht es weiter.

Dieser Regress führt im Buddhismus zum Wesen der Dinge. Und weil auch der Buddhismus dieses Wesen der Dinge als ihr Innerstes begreift, berührt er sich mit den Atommodellen der modernen Physik. Von hier ist es nur ein kleiner Schritt zu weiteren Ähnlichkeiten zwischen beiden Systemen. Jeder Regress zieht die Gegenstände, über die er sich bildet, in Mitleidenschaft. Genauer gesagt, er löst sie auf. Wenn nun der Buddhismus das Innere der Dinge als Regress faßt, können wir annehmen, daß er an dieser Auflösung partizipiert. Und so lautet eine der wichtigsten Lehrsätze der östlichen Phi_osophie daß »alle Phänomene in der Welt nur die illusorischen Manifestationen des Verstandes seien«. Dinge und Objekte sind Täuschungen. Hinter und in ihnen wirkt ein Netzwerk dynamischer Beziehungen, das wirklicher ist. Von ihm her gewinnen die Gegenstände, die uns umgeben, ihre Realität. Wer das nicht sieht und jene feste, ruhige Oberfläche, die die Objekte uns zuwenden, mit ihrer inneren

Dynamik verwechselt, handelt und denkt im Banne der Maya. Dessen Geist teilt die menschliche Grundillusion, dessen Geist ist unrein. Vom unreinen Geist gehen die Teilungen und Unterscheidungen aus. Er ist es, der die Dinge trennen will. In der grundlegenden Sicht der Dinge, unterläuft der Weise diesen unreinen Geist. In dieser Sicht verbinden sich alle Dinge und der Weise mit ihnen. Das ist die mystische Offenbarung des östlichen Wissens. Es wird vom Gläubigen erlebt. Und es wird, so füge ich hinzu, in der modernen Atomphysik berechnet. Denn die vom Maya befreite Sicht der Dinge, die den Regress in ihnen erkennt, die begreift, daß sich hinter der Oberfläche eines Objekts seine Bestandteile in unaufhörlichem Tanz vermischen, daß alle Teile miteinander verbindbar und verbunden, daß Teilungen und Differenzierungen nur Illusionen sind; diese Sicht der Dinge stammt aus der Matrix.

Also fand sie zurück. Zurück zu den Ursprüngen eines anderen Wissens. Zurück zu den Visionen eines Geistes, dem sich in tiefer Versenkung die Welt offenbart.

Diese Ähnlichkeit hat Capra erkannt. Sie hat ihn zum Brückenschlag zwischen zwei scheinbar weit entfernten Systemen bewegt. Diese Ähnlichkeit steht am Beginn jenes Neuen Zeitalters, das die kalte Welt des abendländischen Rechnens mit der Wärme einer visionären Mystik versöhnt.

»Die S-Matrix-Theorie kommt den östlichen Vorstellungen sehr nahe, nicht nur in ihrer letzten Schlußfolgerung, sondern auch in der generellen Anschauung von der Materie«.

Was verspricht sich Capra davon, beide Systeme einander anzunähern? Das, was sich jeder ordentliche Kaufmann wünscht, wenn er zwei Gesellschaften fusioniert: einen Synergieeffekt. Jedes der beiden Systeme soll vom anderen System profitieren. Das hört sich auf den ersten Blick harmlos bis ehrenhaft an. Es gibt aber auch Mißklänge. Sie führen auf meine Behauptung zurück, daß im New Age nicht nur eine neue Harmonie, sondern auch eine Selbstverstärkung der Quantenmechanik entsteht.

Der Mißklang liegt hinter der von Capra beschriebenen Ähnlichkeit beider Systeme. Zwar stimmen sie darin überein, daß es keine Grundbausteine gibt, aus denen die Erscheinungen der Welt aufgebaut werden können. Zwar stimmen sie darin überein, daß eine Art Mischung aller Bestandteile eines Ganzen den hierarchischen Aufbau dieses Ganzen ersetzen muß. Danach jedoch gelangen sie zu verschiedenen Ansichten. Diese Verschiedenheit ist aufschlußreich.

Sie wird von Capra selbst dahingehend zusammengefaßt, daß die östlichen Mystiker »an einem ungefähren oder relativen Wissen nicht interessiert sind«. Was wir auch so ausdrücken können, daß sie an Statistiken nicht interessiert sind. Wobei dieser Unterschied genau das in Schieflage bringt, was bislang für die Gemeinsamkeit der Interessen Sorge trug.

Was ist von Capra verglichen worden? Die Matrix und gewisse Einsichten östlicher Mystiker. Wenn diese Mystiker jedoch ungefähre bzw. relative Wissensformen ablehnen was lehnen sie dann ab? Die Matrix selbst. Schließlich stehen die Mischungen ihres Innenraums für jenes ungefähre Wissen, das in der östlichen Philosophie nicht interessiert.

Das ist erstaunlich. Schlägt sich Capra damit doch die Bedingung dafür, daß er die Systeme, die er vergleichen wil, auch vergleichen kann, aus der Hand. Ein taktischer Mißgriff von dieser Größenordnung ist nicht leicht zu verstehen. Deshalb glaube ich nicht, daß er auf einem Konstruktionsfehler beruht. Ich glaube vielmehr, daß sich in ihm, wie schon mehrfach zuvor, die neue Selbstverstärkung einer selbstorganisierten Theorieform niederschlägt.

Dabei ist nicht schwer auszumachen, wo diese neue Selbstverstärkung quantenmechanischer Denkmuster beginnt. Sie beginnt mit der Matrix. Die Matrix liefert den Stoff, auf dem der Vergleich zwischen abendländischer Rationalität und fernöstlicher Mystik ruht. Wenn sie, wie wir vernommen haben, von letzterer mit großer Skepsis gesehen, ja sogar abgelehnt wird, kann das nur heißen, daß dieser Vergleich illegitim ist. Weil der Vergleich zwischen Ost und West von einer Größe seinen Ausgang nimmt, die der Osten ablehnt, ist es um die Harmonie dieses Vergleichs schlecht bestellt. Denn was wird aus dem Vergleich zweier Systeme, den eines dieser Systeme ablehnt? Aus diesem Vergleich wird eine Expansion des anderen Systems. Aus diesem Vergleich wird eine Okkupation oder, neutral ausgedrückt, dieser Vergleich wird zur Selbstverstärkung eines seiner Teile.

Die Matrix im Mittelpunkt der Selbstverstärkung zu finden, die sich hinter dem Begriff des Neuen Zeitalters verbirgt, ist kein Zufall. Schließlich ist sie als eine Art von Black Box konzipiert, die genaue, Aussagen über das, was in ihr vor sich geht, nicht macht. Sie klammert den Kollisionsraum, sie klammert den Ort des Geschehens aus. Dafür kann sie recht genaue Angaben darüber machen, was vorher und nachher geschieht. Sie gibt den In- und Output von Teilchenreaktionen nicht die Reaktionen selber an. Auf diese Weise entgeht die S-Matrix einer ganz bestimmten Schwierigkeit. Um die möglichen Teilchenkonstellationen, die aus einem bestimmten Input entstehen, vorauszusagen, kann sie sich auf die Berechnung von möglichen Energieverteilungen beschränken. Damit das geht, verzichtet eine S-Matrix auf die genaue Ortsanalyse der in sie eingehenden Partikel. Wenn wir uns das vor Augen halten, ist es nicht schwer anzugeben, welcher Schwierigkeit eine S-Matrix entgeht. Sie entgeht der Schwierigkeit, Ort und Impuls von Teilchen gleichzeitig anzugeben. Das können wir auch anders ausdrücken und sagen, daß das Konzept der S-Matrix auf die Unschärferelation der Quantenmechanik reagiert.

Eine S-Matrix läßt die Ortskonstellationen der von ihr betrachteten Partikel außeracht, weil sie ein Teil der Quantenmechanik ist. Und natürlich ist sie nicht irgendein beliebiger Bestandteil dieser Theorie. Ganz im Gegenteil konzentriert sich in ihr jene statistische Auffassung, die als primärer Effekt der Selbstorganisation dieser Theorie definiert worden ist. Die S-Matrix klammert den Ort aus und gibt Impulsverteilungen an. Deshalb ist die S-Matrix unscharf. Wenn sie aber unscharf ist, ist sie statistisch. Und wenn sie statistisch ist, ist sie selbstorganisiert. So lautet die schlichte Deduktion, die die S-Matrix mit der Selbstorganisation als Therorieform der Quantenmechanik verbindet. Folglich versucht unser westliches Denken, sobald es sich über den Begriff der Matrix fernöstlichem Denken ähnlich machen will, an einer weiteren Selbstverstärkung selbstorganisierter Theorieformen. Jene »statistische Mystik«, die als Ergebnis dieses Versuchs allenfalls erscheinen mag, gibt keine Harmonie, sondern die Expanison dieses westlichen Denkens an.

Das wird der Grund sein, warum solche Kombinationen von den Vertretern fernöstlicher Philosophie abgelehnt werden. Daß man sie trotzdem anstrebt, könnte auf eine neue Art von Kulturimperialismus deuten. Ich glaube jedoch, daß das nur ein Symptom ist. Die Triebfeder für die Fusion von Mystik und Statistik liegt anderswo. Sie liegt da, wo das staistische Konzept, dessen neuer Ausdruck die S-Matrix ist, ausgedehnt und ausgeweitet wird. Sie liegt da, wo sich eine selbstorganisierte Theorie verstärkt.

Das Einstein-Podolsky-Rosen-Theorem

1. *Albert Einstein*

Um meine Überlegungen zur Quantenmechanik als einer selbstorganisierten Theorie abzurunden, möchte ich auf eine aktuelle Diskussion zu sprechen kommen. Diese Diskussion hat viel Aufsehen erregt. Obwohl sie recht komplizierte Sachverhalte referiert, hat sie sehr einfache, sehr handgreifliche Folgen. Diese Folgen betreffen die Quantenmechanik und unsere Auffassung von der Welt, in der wir leben. Vorgreifend möchte ich sie schlaglichtartig zusammenfassen.

Die Quantentheorie ist mit einer lokalen Struktur der Wirklichkeit nicht zu vereinbaren. So lautet eine der möglichen Konsequenzen. Nun hört sich das nicht besonders aufregend an. Dann ist die Quantentheorie eben falsch. Allerdings gibt es eine weitere Konsequenz, die diese erste ergänzt. Sie besagt, daß alle Voraussagen der Quantenmechanik trotzdem oder gerade deswegen richtig bleiben. Daraus scheint zu folgen, und das ist aufregend, daß die Quantenmechanik eine richtige Theorie für eine absolut verrückte Wirklichkeit ist.

Es gibt eine Welt, in der sogenannte Fernwirkungen herrschen. Eine Welt, in der weit entfernte Ereignisse Einfluß aufeinander nehmen. Es gibt eine Welt, in der Verbindungen zwischen Gegenständen, die sich irgendwann ereignet haben, bis ans Ende aller Zeit wirksam bleiben. In dieser Welt dominieren Vodoo-Effekte, es ist eine magische, eine mystische Welt. Wo diese Welt liegt? Welcher ferne Planet ihr eine Heimat gibt? Nun, dieser Planet heißt "Erde", und diese Welt fängt direkt vor unseren eigenen Augen an. Es ist die Welt, die uns umgibt, die gerade verrückt genug ist, damit die Prognosen der Quantenmechanik auf sie passen!

Statt mich dieser, wie man wohl zugeben muß, spektakulären Auffassung anzuschließen, möchte ich sie als vorläufig letzte Selbstverstärkung der quantenmechanischen Theorieform erkennbar machen.

Als selbstorganisierte Theorie hat die Quantenmechanik Schwachstellen. Bei einer dieser Schwachstellen hat Einstein angesetzt, um ihren Geltungsbereich zu relativieren. Nicht daß er in der Quantenmechanik eine selbstorganisierte Theorie gesehen hätte. Diesen Begriff gab es zu seiner Zeit nicht. Und doch bestritt Einstein der Quantenmechanik eine ganz bestimmte Eigenschaft, deren Fehlen bei selbstorganisierten Theorien geradezu charakteristisch ist. Er bestritt, daß die Quantenmechanik eine vollständige Theorie ist. Nach Einstein entgehen ihr, wie er sich ausdrückt, gewisse Elemente der Realität. Natürlich hat Einstein das nicht nur behauptet, Zusammen mit zwei anderen Physikern hat er eine Art Denk-Versuch angestellt, der zeigen soll, daß der Quantenmechanik etwas fehlt. Dieser Denkversuch ist als Einstein-Podolsky-Rosen-Versuch (EPR) bekannt geworden. Dieses Gedankenexperiment hat Nils Bohr zu ausführlichen Kommentaren herausgefordert. Noch die letzten Aufzeichnungen, die er vor seinem Tod zu Papier gebracht hat, handelten von ihm. Schon daraus können wir entnehmen, daß es nicht leicht ist, als Quantenmechaniker den Ideen Einsteins zu entgehen. Einstein hat nach den *Bestandteilen* einer selbstorganisierten Theorie gefragt. Nun scheint das nichts Besonderes zu sein. Diese Frage stellen die Quantenmechaniker selber auch. Nicht die Frage also ist etwas Besonders, sondern der Umstand, daß Einstein behauptet, eine Antwort zu wissen. Die Quantenmechaniker hingegen wissen diese Antwort nicht. Denn ihre Theorie baut gerade darauf auf, sie nicht zu wissen. Und zwar, weil sie aus ihren Gegenständen statistische Gegenstände macht, die sich nur bis zu einem bestimmten Grad erfassen und konkretisieren Lassen. Will man diese Gegenstände genauer messen, will man etwa ihren Impuls und ihren Ort bestimmen, entziehen sie sich. Dieser Entzug ist es, worauf Einstein anspielt. In ihm aber manifestiert sich die Quantenmechanik als selbstorganisierte Theorie. Nur weil ihre Größen statistische Größen sind, sind sie voraussagbar. Daraus folgt, daß Einstein, wenn er behauptet, mehr als bloß die Hälfte eines quantenphysikalischen Gegenstānds bestimmen zu können, auf den Nerv einer selbstorganisierten Theorieform zielt. Darauf, daß sie ihre Objekte zumindest teilweise unbestimmt lassen muß. Wenn es also Einstein inseinem Gedankenexperiment tatsächlich gelingt, über diese Unbestimmtheit des quantenphysikalischen Gegenstands hinauszugelangen, ohne dabei den Rahmen der Quantenmechanik zu verlassen, dann ist sie unvollständig. Was sich in der Behauptung von Einstein, Podolsky und Rosen zusammenfassen läßt, ist dieses: daß es Elemente der Realität gibt, zu denen man einen Zugang finden kann, den die Quantenmechanik nicht findet.

Ich beginne mit einer sehr einfachen Version von EPR. Sie wird uns in die Denkmuster dieses Gedankenexperiments einführen. Denken wir uns einen für mikrophysikalische Teilchen bis auf zwei Öffnungen undurchlässigen Schirm. Dieser Schirm ist dem Schirm des Doppelspaltversuchs, den ich schon ausführlich behandelt habe, recht ähnlich. Allerdings soll es einen entscheidenden Unterschied geben. Diesmal ist der Schirm nicht statisch, sondern bewegt. Die Beweglichkeit des Schirms führt dazu, daß wir nicht genau sagen können, wo welches Teichen eine seiner Öffnungen passiert. Was wir jedoch annehmen wollen und folglich dann auch wissen können, betrifft das Verhalten von zwei Teilchen, die jeweils zur gleichen Zeit eine der beiden Öffnungen durchqueren. Wir nehmen an, daß sie sich hinter dem Schirm in genau dem Abstand weiterbewegen, der durch die Distanz seiner Öffnungen vorgegeben ist. Auf diese Weise schaffen wir uns Zugang zu den zwei zentralen Eigenschaften der Teilchen, zu deren Orts- und Impulskomponenten. Das will ich erklären.

Wir haben uns jenen Schirm, den wir schon aus dem Doppelspaltversuch kennen, diesmal beweglich gedacht, damit auch er über einen Impuls verfügt. Dieser Impuls läßt sich bestimmen, und weil es sich beim Schirm um einen makrophysikalischen Gegenstand handelt, wird diese Bestimmung ausnahmsweise problemlos sein. In dem Augenblick, wo der Schirm von den beiden Teilchen, die wir annehmen, passiert wird, verändert sich sein Impuls. Aus dieser Veränderung können wir leicht den Gesamtipuls, den die angenommenen Teilchen besitzen, berechnen. Wir bilden die Differenz zum Impuls des Schirms, den er besaß, bevor die Teilchen ihn passierten, und halten sie fest. Diese Differenz sagt nichts über den jeweiligen Impuls des einzelnen Teilchens, wohl aber etwas über beider Impulse aus. Ähnlich verhält es sich mit dem Ortsattribut dieser Teilchen. Von dem Augenblick an, da sie die beiden Öffnungen des Schirms durchquert haben, sind sie auf eine bestimmte Entfernung voneinander festgelegt. Auch hier wissen wir nichts über den Aufenthaltsort der jeweiligen Teilchen. Was wir wissen, bezieht sich darauf, wie weit sie auseinander sind. Das ist die Ausgangslage. An ihr wird deutlich, was für EPR entscheidend ist. EPR argumentiert nicht mit isolierten, EPR argumentiert mit korrelierten Größen.

Was hat es mit diesen Größen, deren Gesamtverhalten uns *vor* ihrem Individualverhalten bekannt ist, auf sich? Korrelierte Größen, so lautet die Antwort, lassen auch im mikrophysikalischen Bereich störungsfreie Bestimmungen denkbar erscheinen. Auch das will ich erklären.

Stellen wir uns die beiden Teilchen vor. Sie haben soeben jedes für sich eine der beiden Öffnungen des beweglichen Schirms passiert, Von diesem Augenblick an sind sie zu korrelierten Teilchen geworden. Das bedeutet, daß sie einen Gesamtimpuls und eine gemeinsame Entfernung voneinander besitzen. Für sich betrachtet "besitzen" sie jedoch nichts. Das ändern wir jetzt. Wir fügen den gemeinsamen Bestimmungen der korrelierten Teilchen eine individuelle Bestimmung hinzu, indem wir eins von ihnen messen. Natürlich werden wir bei dieser Individualbestimmung den Ort des Teilchens festlegen und seinen Impuls unvoraussagbar stören. Oder umgekehrt. Die grundsätzlichen Beschränkungen, die die Mikrophysik unseren Messungen auferlegt, bzweifelt EPR nicht. Doch hindern sie EPR nicht daran, seinen Gedanken, daß es auch anders geht, daß es auch störungsfrei geht, zu entwickeln. Was passiert nämlich, sobald uns der Impuls eines Teilchens durch eine Quantenzerstörmessung bekannt geworden ist? Dann kennen wir augenblicklich den Impuls des anderen Teilchens. Und weil wir diesen Impuls aus dem Gesamtimpuls berechnen konnten, der uns aus der Begegnung beider Teilchen mit dem bewegten Schirm bekannt war, haben wir dieses Mal keine Quantenzerstörmessung ausgeführt. Folglich sind wir zur Bestimmung des Impulsattributs auch und gerade eines mikrophysikalischen Teilchens gelangt, ohne es dabei zu stören. Das können wir auch so ausdrücken, daß wir eine Kenntnis seiner Beschaffenheit erreicht haben, ohne daß dadurch schon der Zugang zu seinen anderen Komponenten verhindert wäre. Das aber bedeutet, daß durch unsere Bestimmung eines nicht eingetreten ist: das bestimmte Teilchen ist kein statistisches Teilchen geworden. EPR gelingt in einem Gedankenexperiment die störungsfreie Rttributbestimmung mikrophysikalischer Teilchen. Und das gilt nicht nur für die Impulsbestimmung. Auch das Ortsattribut der Teilchen kann EPR störungsfrei ermitteln. Weil wir annehmen, daß beide Teilchen, nachdem sie die Öffnungen des Schirms durchquert haben, den Abstand einhalten, der ihnen von der Distanz der Öffnungen auferlegt wird, folgt aus der Bestimmung des Ortes eines Teilchens unmittelbar der Aufenthaltsort des anderen Teilchens. Auch dabei mag es bei der konkreten Messung zugehen wie es will. Die zweite Bestimmung wird störungsfrei sein, weil sie aus keiner Quantenzerstörmessung, sondern aus der Entfernung folgt, die zwischen den Öffnungen des Schirms besteht. Damit ist EPR sowohl eine Impuls- als auch eine Ortsbestimmung an mikrophysikalischen Objekten gelungen, die diese Objekte nicht modifizieren, die diese Objekte, und das ist wichtig, eben nicht in statistische und deshalb sich entziehende Größen verwandeln. Nach EPR bleibt auch im mikrophysikalischen Bereich eine Erfassung von Gegenständen denkbar, der sie nicht in dem Maße, wie sie sie erfaßt, entgehen. Daraus folgt, daß die Quantenmechanik, die sich so etwas nicht denken konnte, der ihre Gegenstände stets und prinzipiell zu einem großen Teil entgehen unvollständig ist.

Bohrs Antwort ließ nicht lange auf sich warten. Schon einen Monat, nachdem EPR veröffentlich war, ging sie bei den Herausgebern ein. Auf ihr eintscheidendes Argument konzentriert, kann man diese Antwort etwa folgendermaßen zusammenfassen: Niels Bohr bestreitet, daß die scheinbar störungsfrei gelungene Bestimmung mikrophysikalischer Teilchen wirklich störungsfrei war. Wie kommt er darauf? Indem er sich auf die Messsung des ersten Teilchens bezieht, aus der diese angeblich störungsfreie Bestimmung des zweiten Teilchens abgeleitet wurde, Diese Messung – und das haben Einstein, Podolsky und Rosen nicht bestritten – ist eine Quantenzerstörmessung. Quantenzerstörmessungen sind uns bekannt. Sie bestimmen mikrophysikalische Teilchen in einer Weise, die weitere Bestimmungen unmöglich machen. Daraus folgt, und darauf will Bohr hinaus, daß dieses erste Teilchen jeweils nur einmal gemessen werden kann. Ich bestimme seinen Aufenthaltsort und störe seinen Impuls, und umgekehrt.

Bohrs Idee besteht nun darin, diese Quantenzerstörmessung, die von niemandem bestritten wird, auf das zweite Teilchen zu übertragen. Wieso, so lautet seine Frage, können wir von einer störungsfreien Bestimmung dieses Teilchens reden, da wir doch durch die Entscheidung, was am ersten Teilchen wir messen, über das entscheiden, was am zweiten Teilchen wirklich wird. Es ist eben nicht so, daß wir Ort und Impuls des einen Teilchens und damit Ort und Impuls des zweiten Teilchens bestimmen könnten. Aufgrund der Beschränkung, der jede quantenphysikalische Messung unterworfen ist, müssen wir wählen. Entweder Ort oder Impuls, nie beides nacheinander, nie beides zugleich. Damit aber greifen wir in die, wenn man so sagen will, Seinsweise des aus diesen alternativen Messungen erschlossenen anderen Teilchens ein. Wir kennen entweder sein Lage oder sein Bewegungsattribut. Wir realisieren das zweite Teilchen gemäß der Entscheidung die unsere Quantenzerstörmessung am ersten Teilchen getroffen hat. So aber übertragen wir den Eingriff unserer Messung vom ersten auf das zweite Teilchen. Und mit diesem Eingriff natürlich auch die Unvollständigkeit unserer Bestimmungen. Es ist nicht so, daß wir tatsächlich eine Gesamtkenntnis des zweiten Teilchens jemals erreichen könnten. Diese Gesamtkenntnis, die die Quantenmechanik mit ihren halben Kenntnissen unvollständig machen würde, ist bloß eine Fiktion. Diese Fiktion entsteht nach Bohr, weil EPR so tut, als ob mehrere Messungen am ersten Teilchen, nachdem es den Schirm passiert hat, möglich wären. Weil das nicht stimmt, stimmt die ganze Argumentation nicht, auf der EPR beruht. Soweit zur Antwort. Was hat Einstein entgegnet?

Zunächst einmal hat er sich gewundert. Er hat sich darüber gewundert, daß man ernsthaft annehmen kann, Messungen könnten Auswirkungen auf Gegenstände haben, die sie gar nicht messen. Da gibt es ein mikrophysikalisches Objekt. Dieses Objekt wird gemessen und dabei gestört. Das ist bekannt. Daß jedoch diese Störung über beliebig weite Distanzen auf andere Gegenstände wirken soll, das ging Einstein im wahrsten Sinne des Wortes zu weit. Genau darauf aber hob Bohr in seiner Erwiderung ab. Die Wahl, das eine oder andere Attribut eines Teilchens zu messen und zu bestimmen, entscheidet darüber, auf welche Weise das ihm korrelativ gedachte Teilchen in Erscheinung tritt. Worauf nun seinerseits Einstein antwortet, daß dieses Teilchen dann vor der Messung jenes anderen TeiLchens in keiner bestimmten Weise existiert haben kann, sondern erst durch diese Messung eine konkrete Existenz erlangt.

Und dieser von Niels Bohr angenommene Eingriff in die mikrophysikalsiche Wirklichkeit ist noch viel stärker als jene Störung, die Messungen in ihr bewirken. Das Teilchen, um das es Bohr und Einstein geht und das Bohr in die Störungstheorie der Quantenmechanik einbeziehen will, ist ja gar nicht gemessen worden. Darüber sind sich beide einig, Trotzdem glaubt Bohr, daß sich irgend etwas, was immer es auch sein mag, über die Messung des ersten Teilchens auf das zweite Teilchen ausgewirkt hat. Diese Behauptung Bohrs ist es, die von der Auseinandersetzung zwischen EPR und Quantenmechanik auf ganz andere und vielleicht noch gravierende Fragen führte. Beetrifft doch die Meinungsverschiedenheit, die er und Einstein austragen, etwas, an dem zu zweifeln bis dahin niemand gewagt hätte: die Differenz zwischen Bohr und Einstein betrifft die Lokalität von Ereignissen.

Während Einstein sich nicht vorstellen mag, was einer solchen Lokalität widerspricht, denkt Bohr offen darüber nach. Messungen, die hier ein Objekt stören und diese Störung über beliebig große Entfernungen transportieren, das sind Messungen, die sicher keinen örtlichen Charakter mehr haben. Das sind Messungen, die sicher keinen örtlichen Charakter mehr haben. Es sind Messungen mit Fernwirkungen. Das ist aber nicht alles. Es geht bei der Auseinandersetzung zwischen EPR und Quantenmechanik nicht nur darum, ob es etwa Ereignisse geben kann, die nicht auf ihre Ereignisstätte bezogen bleiben, sondern überall. Auswirkungen haben. Es geht auch darum, ob die Quantenmechanik, wenn sie eine vollständige Theorie ist, mit lokalen Ereignissen überhaupt zurecht kommen kann. Rettet sich Bohr doch vor EPR und dessen umfassender und nicht beschnittener Kenntnis von Objekteigenschaften, indem er störende Einflüsse weit entfernter Ereignisse, eben Fernwirkungen, für denkbar hält. Damit die Quantenmechanik durch EPR nicht zu einer unvollständigen Theorie wird, der gewisse Elemente der Realität entgehen, nimmt Bohr alokale Messungen an. Daraus folgt, daß die Quantenmechanik nur dann als vollständig und alle Elemente der Realität umfassend gedacht werden kann, wenn diese Realität nicht lokal beschaffen ist.

Auf den ersten Blick scheint sich Niels Bohr dadurch vom Regen in die Traufe begeben zu haben. Doch gibt es eine unerwartete Wendung in der Folgediskussion, die sich am Dialog zwischen Bohr und Einstein entspann. Bevor ich darauf eingehe, möchte ich noch eine andere Version von EPR skizzieren. Sie ist komplizierter, bietet dafür aber eine gute Gelegenheit, das anzusprechen, was Bohrs gewagte Thesen so verblüffend unterstützen wird. Auch diese etwas anspruchsvollere Darstellung von EPR operiert mit korrelierten Größen und läuft auf die Verknüpfung einer vollständigen Quantenmechanik mit Fernwirkungen hinaus.

2. *David Bohm*

Die Version von EPR, die ich nun darstellen möchte, stammt von David Bohm. Die Teilchen, die in ihr vorkommen, sind Photonen. Auch David Bohm konzentriert seine Auffassung von EPR auf bestimmte Attribute dieser Photonen. Statt ihres Lage- bzw. Impulsattributs wählt er jedoch eine andere, eine neue Eigenschaft, die für Photonen charakteristisch ist, nämlich ihr Polarisationsattribut. Was ist das? Um darauf zu antworten, stellen wir uns einen Lichtstrahl vor, der vom Zifferblatt einer Uhr umrandet ist. Sicher, diese Uhr wäre mehr als klein und sie abzulesen, schwierig. Doch wenn wir annehmen, daß die möglichen Zeigerstellungen dieses Miniaturchronometers die Polarisationsrichtungen des Lichtstrahls angeben, wird klar, was dieser Vergleich veranschaulichen soll. So steht die Zeigerstellung »12 Uhr« beispielsweise für eine vertikale Polarisation, wir können auch sagen, für Polarisation bei Winkel 0. »3 Uhr« entspräche einer horizontalen bzw. einer um 90 Grad gebeugten Polarisation. Ruf diese Weise kann man sich auf Uhren beliebig viele Polarisationen von Lichtstrahlen aufgezeichnet denken. Wichtig dabei ist, daß jedes einzelne Photon eines Lichtstrahls, was *seine* Polarisation angeht, nicht mehr als zwei Möglichkeiten hat, auf dem Zifferblatt sichtbar zu werden. Entweder ist es ganz in eine bestimmte Richtung oder ganz im rechten Winkel zu dieser Richtung polarisiert. So gesehen stellt ein Polarisationsattribut eine sehr einfache dynamische Eigenschaft von Teilchen dar. Es gibt zwei mögliche Werte. Wäre es einer weniger, hätten wir es mit einer statischen Eigenschaft zu tun. Schauen wir uns nun an, was man mit diesem Attribut machen kann.

Zunächst einmal wird man es messen können. Das geschieht, indem Kristalle in Lichtstrahlen gehalten werden. Vorzugsweise wird dabei ein doppelbrechendes Kristall, etwa ein Calcitkristall, verwendet. Solche doppelbrechenden Kristalle teilen Licht in zwei Strahlen. Die Photonen, die jeweils einen dieser Strahlen bilden, sind demnach auf zwei verschiedene Weisen polarisiert. Entweder entlang der optischen Achse des Kristalls oder aber, und das wissen wir schon, im rechten Winkel zu ihr. So legt ein doppelbrechender Kristall die Polarisationsattribute der Photonen frei, die ihn durchlaufen. Mit anderen Worten: er mißt sie.

Nun wissen wir, daß man Polarisationseigenschaften von Photonen messen kann. Darüberhinaus kann man diese Eigenschaften

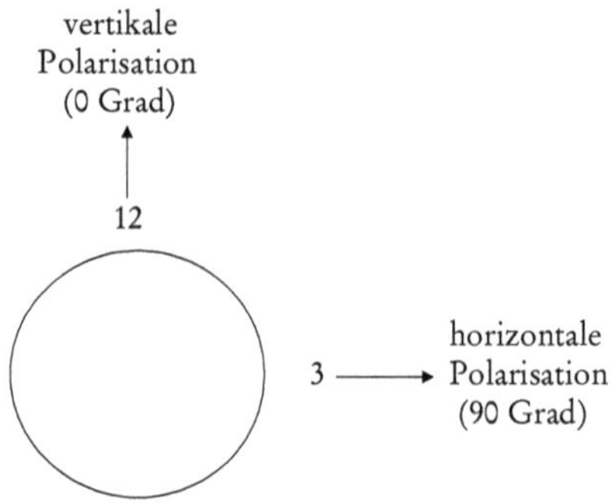

korrelieren. Und indem ich darstelle, wie das geht, beginne ich mit der Version von EPR, die David Bohm sich ausgedacht hat.

Stellen wir uns eine Photonenquelle vor. Diese Quelle soll ganz bestimmte Eigenschaften haben. Sie produziert jeweils zwei Photonen gleichzeitig und wirft sie in unterschiedliche Richtungen aus. Aufgefangen werden beide Teilchen durch zwei voneinander getrennte Meßapparaturen. Diese Meßstellen registrieren ihre Polarisation. Das Besondere an diesem bis dahin sehr einfachen Versuchsaufbau besteht nun darin, daß die beiden ausgeworfenen Photonen »phasenverwickelt« sind. Unter einer Phasenverwicklung versteht man eine Art Verwandtschaftsverhältnis. Beide Photonen bleiben sich, obwohl sie sich auf getrennten Wegen zu ihrer jeweiligen Meßvorrichtungaufmachen, bezüglich vieler Eigenschaften gleich. Zu diesen nicht variierten Eigenschaften gehört die Polarisation. Auf unsere Versuchsanordnung bezogen bedeutet das, daß jedes Meßgerät ein identisches Ergebnis sowohl für das eine als auch für das andere Teilchen produziert. Einer vertikalen Polarisation des einen wird eine vertikale Polarisation des anderen Photons entsprechen. Auf diese Weise sind beide Teilchen korreliert.

Und wir können sehen, daß diese Korrelation recht genau jener anderen Korrelation entspricht, die wir in unserer ersten Darstellung von EPR angenommen haben. Die Photonenquelle, die zwei phasenverwickelte Teilchen in den Raum entläßt, funktioniert wie der bewegte Schirm mit seinen beiden Öffnungen. Wie er Abstand und Impuls der Teilchen korrelierte, sobald sie ihn durchquerten, so korreliert die angenommene Photonenquelle die Polarisation der Teilchen, die sie auswirft. Das wird besonders deutlich, wenn wir uns näher mit den Messungen beschäftigen. Egal, welche Polarisationswerte ein Meßgerät festlegt, das andere Meßgerät, welches den korrelierten Polarisationswert des zweiten Photons angibt, wird ebenfalls diesen Wert zeigen. Wenn man so will, ist in Bohms Version von EPR auf diese Weise die Korrelation zwischen den beiden Teilchen noch verstärkt. Der Umweg über deren Gesamtimpuls bzw. ihren gemeinsamen Abstand voneinander, ist nicht nötig. Der Polarisationswert des einen gibt den Polarisationswert des anderen Photonsunmittebar, und das heißt, umwegslos an. Dabei hat diese Korrelation nichts mit der Entfernung zu tun, in der die Meßgeräte aufgebaut worden sind. Selbst wenn Lichtjahre zwischen der ersten und zweiten Messung vergehen sollten, müssen die Ergebnisse identisch bleiben. So will es die Phasenverwicklung, über die unsere Photonenquelle ihre ausgesandten Teilchen verbindet.

Ich glaube, daß wir schon erkennen können, worin die nächste Ähnlichkeit zur ersten Version von EPR liegt. Gerade bezogen auf meine letzte Bemerkung, daß es unerheblich ist, wann die jeweilige Polarisationsmessung erfolgt, deutet sich eine bekannte Fragestellung an. Gibt die erste und sehr nah an der Photonenquelle durchgeführte Messung etwa den Wert der anderen, viel später erfolgten Messung vor? Ist sie etwa eine Messung mit Fernwirkung? Oder, und das wäre Einsteins Standpunkt, »weiß« das zweite, später analysierte Photon immer schon, welcher Wert sich bei der ersten Messung, bei der Messung seines Zwillingsteilchens ergibt?

Um diese Parallele zwischen den EPR-Versionen deutlich zu machen, kehre ich zu einem ganz wesentlichen Gedanken zurück. Er betrifft die Wellenfunktion. Genauer gesagt geht es bei ihm um die Art und Weise, in der eine Wel.lenfunktion den Gegenstand zerlegt, von dem sie gilt. Erinnern wir uns. Da gab es digitale und analoge Wellen. Und da gab es ein Spektrum, das zeigte, zu welchen Teilen eine gegebene Welle aus digitalen und analogen Wellen repräsentierbar war. Natürlich können wir das auch auf Polarisationen anwenden. Zerlegen wir also das Polarisationsattribut! In einfachen Fällen können wir uns eine horizontale Polarisation, also eine Polarisation von 90 Grad, als aus entgegengesetzten Polarisationen von je 45 Grad bestehend vorstellen. Wenn wir nun den Strahl betrachten und untersuchen, stellt er sich als Mischungsverhältnis dar. Das wird deutlich, wenn man ihn in einen Filter einspeist, der Polarisationen von 45 Grad Aufwärts mißt, wobei ich unter »Aufwärts« jeweils eine der beiden Richtungen verstehe, in die der Ausgangsstrahl zerlegt worden ist. Das Ergebnis wird eine Zufallsfolge sein. Übers Mittel verteilt, weist die Hälfte aller einlaufenden Photonen eine Polarisation von 45 Grad Aufwärts auf, die andere nicht.

Es ist wichtig, sich diesen Bezug zwischen polarisierten und unpolarisierten Strahlen deutlich zu machen. Dabei geht es nicht darum, Strahlen einmal konkret und sodann statistisch zu denken. Es geht vielmehr darum, sie auf unterschiedliche Weise zu zerlegen. So kommt es, daß ein Strahl, der vollkommen horizontal polarisiert erscheint, hätte man ihn nur anders gemessen, unpolarisiert zwischen entgegengesetzten Polarisationen von 45 Grad schwankt. Zwischen einer vollkommen horizontalen und entgegengesetzten »schrägen« Polarisationen gibt es so gesehen keinen Unterschied.

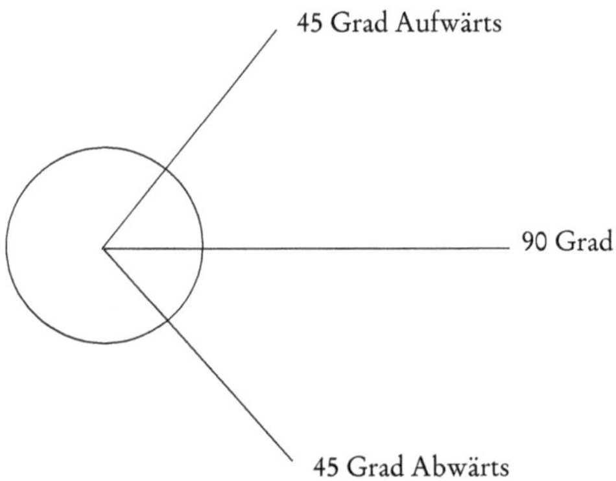

Und noch etwas ist wichtig: Die Zerlegung von Polarisationseigenschaften folgt den Regeln der Quantenmechanik. Was natürlich bedeutet, daß sie statistisch ist. Daraus folgt, daß kein Quantenmechaniker das Ergebnis einer einzelnen Messung an einem unpolarisierten Strahl vorauszusagen vermag. Bekannt ist nur das statistische Mischungsverhältnis und nicht der konkrete Einzelwert. Wenn wir uns so Polarisationen von 90 Grad in unpolarisierte Strahlen, zerlegbar vorstellen können wir David Bohms Fassung von EPR noch strenger formulieren. Angenommen, am ersten Meßgerät, das sehr nah bei unserer Photonenquelle aufgebaut ist, hätte sich eine horizontale Polarisation ergeben. Dann ist klar, was das weiter entfernte Meßgerät nach einiger Zeit angeben wird: natürlich ebenfalls eine horizontale Polarisation. Bezugnehmend auf die Zerlegbarkeit von Polarisationen erzeugt Bohm aus dieser einfachen Entsprechung eine verwickelte Aporie.

Wie macht er das? Nun, indem er darauf hinweist, daß jene erste Messung, die eine horizontale Polarisation anzeigt, mit 50%iger Wahrscheinlichkeit bei entsprechend eingestelltem Filter auch auf eine Polarisation von 45 Grad (entweder Aufwärts oder Abwärts) hätte ansprechen können. Und was wäre dann geschehen? Was hätte sich dann bei der zweiten Messung ergeben? Die Antwort ist einfach, weil sie durch die Phasenverwicklung, durch die Annahme von der Korrelation beider Teilchen vorgegeben wird. Bei der zweiten Messung hätte sich natürlich auch eine Polarisation von 45 Grad (entweder Aufwärts oder Abwärts) ergeben müssen. Das aber bedeutet, daß zumindest das zweite Teilchen alles andere als unscharf und unbestimmt ist. Für jeden möglichen Polarisationswert gibt es eine genau festgelegte Korrelation, der es gehorcht. Egal welche Meßeinstellung wir wählen, entweder wird das erste Photon darauf ansprechen oder nicht. Das Ergebnis dieser Messung aber wird für das andere, wird für das mit ihm korrelierte Photon identisch sein. Woraus folgt, daß dieses zweite Photon schon in allen Details bestimmt war, *bevor* die Messung am ersten Photon erfolgte. Dieser Schluß scheint logisch. Dieser Schluß ist der Schluß von EPR in der Fassung David Bohms.

Was mir bei dieser Darstellung ganz besonders imponiert, ist ihr Bezug auf die statistischen Elemente der Quantenmechanik. Da die Quantenmechanik nicht vorhersagen kann, welche 45 Grad Polarisation sich bei der ersten Messung ergeben wird, gelingt es Bohm, eine statistische Unschärfe in eine individuelle Bestimmung umzuwandeln. Daß das zweite Teilchen durch und durch bestimmt und also nicht statistisch ist, ergibt sich ja gerade daraus, daß niemand das genaue Ergebnis der ersten Messung wissen konnte, das zweite Teilchen aber trotzdem mit ihm identisch sein wird. So folgt die Bestimmung dieses zweiten Teilchens eben *nicht* aus den Vorhersagen der Quantenmechanik. Weshalb sie, so das uns schon bekannte Ergbnis von EPR, unvollständig sein muß.

Damit wird nicht behauptet, daß Einstein, Podolsky und Rosen im Gegensatz zur Quantenmechanik nun ihrerseits wüßten, welchen Wert die Messung am ersten Photon ergeben wird. Was sie jedoch zu wissen glauben ist, daß dieser Wert, bevor er überhaupt bekannt wird, vom zweiten Teilchen der Versuchsanordnung schon realisiert worden ist. Genau das meinen sie, wenn sie von »Elementen der Realität« sprechen, deren Existenz zwar nicht numerisch berechnet, aber theoretisch erschlossen werden kann und dennoch der Quantenmechanik entgeht.

3. *Stuart Bell*

Natürlich wäre Bohrs Antwort auch auf Bohms Version von EPR eine Wiederholung seiner Antwort auf die ursprüngliche Variante. Statt zuzustimmen, daß die Bestimmung eines mikrophysikalischen Teilchens auf eine Weise gelungen ist, die die Quantenmechanik nicht vorhersagen konnte, weist er auf die Entscheidung hin, die die von uns gewählte Einstellung des Meßgerätes auf das zweite, scheinbar ohne Hilfe der Quantenmechanik erschlossene Teilchen übertragen hat. In ihr wiederholt sich jene Störung, aus der dann die statistische und eben nicht vollständige Bestimrnung von Gegenständen folgt. Das ist auch der Grund, warum ihn der Trick, mit dem Bohm gerade aus statistischen Verteilungen eine nicht statistische Bestimmung von Eigenschaften mikrophysikalischer Objekte zaubert, wenig beeindruckt hätte. In ihr wirkt für Bohr bloß die Störung nach, die unsere erste, nah an der Photonenquelle erfolgte Messung, ihrem Gegenstand auferlegt hat. Und natürlich scheint Niels Bohr auch dieses Mal vom Regen in die Traufe zu geraten. Behauptet er doch, um die Quantenmechanik als vollständige Theorie zu retten, daß die erste Messung nahe der Photonenquelle nicht nur eine Polarisation des zweiten Teilchens offenbart, die es auch unabhängig von dieser Messsng hätte. Ganz im Gegenteil behauptet Bohr, daß die Polarisation des zweiten, daß die Polarisation des später gemessenen Teilchens vom Ergebnis der ersten Messung *hervorgebracht* wird!

Das scheint nun in der Tat hoffnungslos. Wie soll so etwas möglich sein? Wie soll ein Ereignis, das irgendwo stattfindet, Ereignisse auslösen, die weit von ihm entfernt sind? Und falls es wirklich stimmt, was Bohr annimmt, wie soll dann unsere Welt aussehen? Überall könnten sich plötzlich Auswirkungen breit machen. Die einzige Voraussetzung wäre, daß die Ereignisse, die sich auf diese Weise diskontinuierlich und über beliebig große Distanzen verbinden, einen gemeinsamen Berührungspunkt haben. Hier eine kleine Kostprobe aus dieser Welt, die aus Bohrs Annahmen zu folgen scheint.

Stellen wir uns ein Faß voll Wein vor. Aus ihm wird eine große Menge Flaschen abgezapft. Der Inhalt dieser Flaschen ist demzufolge phasenverwickelt, Jetzt nehmen wir diese Flaschen und bringen sie fort. Die eine schicken wir in eine benachbarte Stadt. Eine andere nehmen wir mit nach Hause. Wieder eine andere schenken wir unserem besten Freund. Irgendwann haben wir Lust auf diesen Wein. Wir gehen in den Keller, dort ans Regal, nehmen die Flasche und öffnen sie. Wir prüfen das Bukett. Suchen die köstliche Frische eines kühlen Weins an einem lauen Sommerabend. Dann ist es vorbei mit der Lust. Der Wein ist nicht mehr gut. Wir stellen fest, daß er vergoren ist, umgekippt, sauer, schlecht. Und was passiert jetzt? Was passiert in einer phasenverwickelten, mit Fernwirkungen wie unsichtbar durchwobenen Welt? Bei unserem Freund kippt der Wein um und ebenfalls in der Nachbarstadt. Aber nicht nur dort. Überall wo sich Weinflaschen befinden, deren Inhalt aus jenem unseligen Weinfaß stammt, wird an dem Tag, an dem wir unsere Flasche öffnen, der Wein schlecht. Das klingt absurd. Das klingt verrückt. Und doch schwingt da noch etwas anderes mit. Denn bei Fernwirkungen geht es um Wirkungen, die auch über große Distanzen wirken. Worum also geht es bei Fernwirkungen? Es geht um eine *Verstärkung* des Wirkungsbegriffs. Statt die Wirkung auf ihr lokales Umfeld zu beschränken, auf Kontakt und Berührung, werden ihr Effekte zugebilligt, die weit darüber hinaus gehen. Sollte die Theorie von der Fernwirkung demzufolge eine weitere Selbstverstärkung sein? Daß sie von Quantenmechanikern ersonnen wurde, spricht jedenfalls nicht gegen diese Vermutung. Schließlich haben wir schon mehr als eine seltsame Idee auf jene selbstverstärkte Theorieform rückgeführt, die sie vertreten. Eine Welt, in der Fernwirkungen möglich sind, könnte die Wirkung einer Selbstverstärkung sein. Das sehen wir uns näher an.

Wir vergessen zunächst einmal jene beunruhigenden Folgen, die eine Fernwirkungstheorie für unseren Weinkeller hat, und wenden uns statt der Makro wieder der Mikrophysik zu. Wie soll man zwischen den Auffassungen Einsteins und Bohrs entscheiden? Wer hat recht? Hat Einstein recht, der auf der lokalen Beschränkung von Wirkungen beharrt, oder kann man Bohr zustimmen, wenn er diese Beschränkungen aufheben will? Es müßte eine Möglichkeit geben, beide Behauptungen experimentell zu überprüfen, Das ist jedoch leichter gesagt als getan. Keiner kann sich so recht vorstellen wie sich Fernwirkungen bemerkbar machen. Ja, es könnte sogar sein, daß sie dauernd geschehen, ohne daß wir es spüren, Schließlich kennen wir ihr auslösendes Moment nicht. Weil das entscheidende Charakteristikum einer Fernwirkung gerade darin besteht, daß sie mit ihrer Ursache *nicht* sichtbar verbunden ist, werden wir sie vielleicht nie entdecken können. Das bringt uns dazu, über die Nachprüfbarkeit lokaaler Wirkungen nachzudenken. Diese Art von Wirkungen kennen wir, sie sind beobachtbar und zugänglich. Wenn wir schon zwischen Einsteins und Bohrs Behauptungen wählen müssen, dann wählen wir Einstein lokalen Wirkungsbegriff aus. Ihn können wir zum Gegenstand eingehender Prüfungen machen.

Beginnen wir also mit dem Nachweis einer lokalen Wirkungstheorie. Beginnen wir mit den Überlegungen John Stuart Bells. Bei der Entscheidung des Streits zwischen Einstein und Bohr ist seine Stimme von besonderem Gewicht. Bell bezieht sich in seinen Überlegungen auf gänzlich un polarisierte Strahlen. Mit anderen Worten, er bezieht sich auf statistische Mischungsverhältnisse. Nun, das hat Bohm auch getan. Hier also jetzt der Unterschied, der sie beide trennt: Statt stets gleiche Meßvorrichtungen auf die korrelierten Photonen dieser Strahlen zu richten, richtet Bell *verschiedene* Meßeinstellungen auf sie. Dieser Einfall wird uns zur Lokalität von Ereignissen führen, falls es sie überhaupt gibt. Das will ich erklären.

Bells Beweis ist kurz und schmerzlos, Er schaltet seine Photonenquelle an. Sie entläßt zwei unpolarisierte Strahlen. Gemäß unserer Voraussetzung sind beide Strahlen korreliert. Bell hat zwei Kristalle aufgebaut. Sie messen die Polarisatiknsattribute der einfallenden Photonen. Solange diese Kristalle in gleicher Position verharren, sind die Meßergebnisse identisch. Jetzt dreht Bell am linken Kristall, vorsichtig verschiebt er ihn, um, sagen wir, eine Vierteldrehungg. Also gibt es von nun an eine Differenz zwischen den Kristallen. Sie messen nicht mehr exakt das gleiche Polarisationsattribut. Daraus folgt, daß nicht länger jedes Meßergebnis am linken mit den Ergebnissen am rechten Kristall übereinstimmt. Das ist Bells Trick. Er führt unterschiedliche Meßergebnisse in einen, wenn man so sagen kann, korrelierten Versuchsaufbau ein. Unterschiedliche Meßergebnisse aber sind die Voraussetzung, um so etwas wie lokale Ereignisse überhaupt nachprüfen zu können.

Fahren wir fort im Bellschen Beweis. Zu diesem Zweck schauen wir uns die Meßreihen an, die beide Meßeinrichtungen auswerfen. Weil es nur eine kleine Differenz ist, die sie trennt, stimmen weiterhin viele Ergebnisse überein. Aufgrund der Vierteldrehung, die beide Kristalle unterscheidet, sagen wir, daß auf je vier Meßergebnisse ein nicht korreliertes Ergebnis fällt. Bell notiert diesen Umstand und dreht das linke Kristall wieder in die Ausgangslage zurück.

Aber Bell ist noch nicht fertig. Ganz im Gegenteil wendet er sich jetzt dem rechten Kristall zu – und verdreht es. Wieder nehmen wir

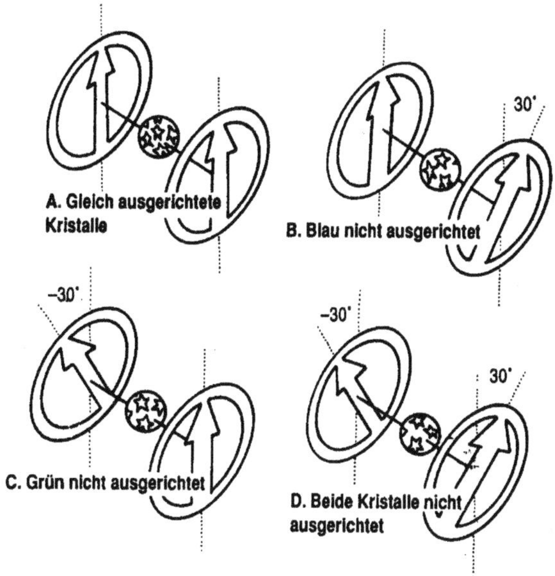

Einfacher Beweis des Bellschen Theorems. A. Beide Calcirkristalle gleich ausgerichtet: Fehler = 0. B. Blauer Kristall um 30 Grad geneigt: Fehler = 1 bei vier Ereignissen. C. Grüner Kristall um -30 Grad geneigt: Fehler = 1 bei vier Ereignissen. D., Grüner und blauer Kristall um 30 Grad geneigt: Wie groß ist der neue Fehler? Wenn wir Lokalität annehmen (eine Bewegung von Grün kann die Markierung von Blau nicht beeinflussen), kann dieser neue Fehler nicht größer als 2 bei vier Ereignissen sein. Die PK-Messung bei 60 Grad ergibt jedoch für EPR-Photonen 3 Fehler bei vier Ereignissen. Daher ist die Annahme von Lokalität falsch.

eine Vierteldrehung an, doch soll sie in genau die entgegengesetzte Richtung ausgeführt sein. Falls Bell also das linke Kristall nach rechts verdreht hat, so dreht er das rechte Kristall nach links. Was passiert nun? Wieder verschwindet die perfekte Korrelation, und macht einem unkorrelierten Ergebnis bei jeweils vier Ergebnissen Platz. Bell notiert auch das. Jetzt zu seiner entscheidenden Frage. Was geschieht, wenn *beide* Kristalle gegeneinander verdreht werden? Das eine nach rechts, und das andere nach links? Nun, wird man sagen, das sollte auch nicht schwer vorauszusehen sein. Unterschieden sich die Polarisationswinkel bisher um je eine Vierteldrehung, und folgte daraus ein unkorreliertes Ergebnis auf vier Ergebnisse, so wird ein um zwei Viertel verdrehter Winkel zu zwei solchen Ergebnissen führen. Und mit dieser Voraussage ist Bells Beweis auch schon erledigt. Sie stimmt nämlich nicht. Jedes Experiment, das bislang ersonnen wurde, um den Bellschen Versuchsaufbau zu überprüfen, hat bei eintgegengesetzt gemessener schräger Polarisation stets mehr als nur zwei unkorrelierte Ergebnisse nachgewiesen. Und fragt sich noch jemand, wer *genau das* vorausgesagt hat? Eine *quantenmechanische* Berechnung jener Anzahl unkorrelierter Ergebnisse, die Bells Versuch produziert, stimmt mit dieser überraschenden Verifikation überein. Das aber bedeutet, daß Einsteins Theorie, die die Ergebnisse quantenphysikalischer Experimente mit einer lokalen Wirklichkeitsstruktur vereinbaren will, gescheitert ist. Ich will erklären, wie man zu dieser weitreichenden Aussage kommt.

Was ist ein lokales Ereignis? Ein lokales Ereignis ist ein Ereignis, das in seinen Wirkungen auf seine unmittelbare Umgebung begrenzt ist. Überlegen wir doch einmal, welche lokalen Ereignisse in dem eben geschilderten Versuchsaufbau von Bell vorkommen. Da wäre zunächst einmal die Photonenquelle. Jeder Schuß, mit dem sie die korrelierten Photonen aus sich herausschleudert, ist ein lokales Ereignis. Da diese Ereignisse jedoch stets gleich bleiben, können wir sie bei der Erklärung der wechselnden Versuchsergebnisse vernachlässigen. Suchen wir weiter! Da gibt es noch die beiden Meßgeräte. Ruch eine Messung wird schließlich ein Ereignis sein. Darüber hinaus werden diese Ereignisse im Verlauf des Versuchs verändert. Sie könnten also die lokalen Ereignisse sein, nach denen wir fragen. Was geschieht bei diesen Messungen? Das habe ich dargestellt. Sie gehen von bestimmten Polarisationsmessungen zu anderen über. Das sind mit Sicherheit lokale Ereignisse. Woraus folgen würde, daß keine dieser Messungen über weite Distanzen wirken kann. Woraus weiterhin folgen würde, daß keine dieser Messungen auf die jeweils andere Messung Auswirkungen haben kann.

Genau das aber scheinen sie zu haben! Denn wie sonst sollten wir erklären, daß aus den Meßergebnissen eben nicht folgt, was folgen sollte, solange man sie lokal betrachtet? Wenn die Prognose, die aus einer lokal verstandenen Versuchsanordnung erschlossen werden kann, mit ihren Ergebnissen *nicht* übereinstimmt, dann darf sie eben nicht lokal verstanden werden. Da wir keinen äußeren Einflüsse zugelassen haben, muß die überproportionale Zunahme unkorrelierter Meßergebnisse aus dem folgen, was im Versuch variiert worden ist. Also aus den Meßereignissen. Da wir diese Zunahme jedoch nur ableiten können, indem wir neben den lokalen Wirkungen der Meßereignisse noch andere Wirkungen akzeptieren, steht die Existenz dieser anderen Wirkungen fest. Was sollen das für Wirkungen sein? Wir kennen sie schon. Es können nur jene unsichtbaren und so verwirrenden Fernwirkungen sein. Denn wenn lokale Erklärungsmuster nicht ausreichen, müssen wir alokale verwenden. Diese Schlußfolgerungen halten die berühmten Bellschen Ungleichungen fest. Sie bestimmen den Wert, den eine *lokal* verstandene Versuchsanordnung ihren Ergebnissen setzt. Weil aber jedes Versuchsergebnis diesen Wert überschreitet und also verletzt, scheiden lokale Wirklichkeitsmodelle bei der Erklärung dieser mikrophysikalischen Vorgänge aus.

Wenden wir uns der Siegerin, wenden wir uns der Quantentheorie zu. Auch ihre Prognose, die sie aus Bells Versuchsanordnung zieht, verletzt seine Gleichungen. Weshalb sie mit den Versuchsergebnissen, weshalb sie mit dem, was tatsächlich zu geschehen scheint, in bester Übereinstimmung steht. Daß diese Übereinstimmung die Voraussagen der Quantenmechanik zudem mit Fernwirkungstheorien in Berührung bringt, sieht nach einer schlagenden, sieht nach einer großartigen Bestätigung der Bohrschen Überlegungen aus.

Das ist ein Ergebnis, mit dem niemand gerechnet hat. Auch Bell nicht. Wie er mehrfach betonte, war er stets vom logischen Kalkül fasziniert, das Einstein, Podolsky und Rosen inszenieren. So gesehen war Bell der letzte, der sich hätte vorstellen können, daß Bohrs verrückte Behauptung über mögliche Fernwirkungen von Ereignissen richtig sein kann. Bell wollte Einsteins Lokalitätsannahme überprüfen. Das war alles. Daß daraus der Beweis einer alokalen Wirklichkeit werden würde, hat ihn ebenso wie andere überrascht.

Vielleicht sollten wir mehr auf solche Zwischentöne hören. Da beginnt ein Wissenschaftler damit, eine ganz bestimmte Ansicht von der Welt, in der wir leben, auf ihre Haltbarkeit zu überdenken, und ohne daß er selber recht weiß, wie es gekommen ist, scheint er etwas ganz anderes bewiesen zu haben. Bell blieb nicht der einzige, dem das passiert. Da ist zum Beispiel John Clauser, auch er ein Physiker, für den die Diskussion um lokale bzw. alokale Wirkungen zur Obsession wird. Er will durch Experimente verifizieren, was Bell sich ausgedacht hat. Diese Experimente möchte ich hier nicht ausführen. Eines aber ist bei ihnen bemerkenswert. Sie scheinen Niels Bohrs kühne Prognosen über jeden Zweifel erhaben zu zeigen. Und auch hier wieder dasselbe Erstaunen. Das hätte Clauser nie gedacht! Er wollte zeigen, daß nur eine lokal konzipierte Wirklichkeit ihren Phänomenen gerecht werden kann. Was er dann zeigt, ist jedoch das glatte Gegenteil: Bells Annahmen sind richtig, sie lassen sich experimentell überprüfen. Es gibt keine Erklärung für diese Ergebnisse im mikrophysikalischen Raum, solange diese Erklärungen ausschließlich mit lokalen Mustern operieren. Was ist das bloß? Wie kommt es, daß an einer ganz bestimmten Stelle, an einem ganz bestimmten Denkmodell alles wie verhext erscheint? Daß man mit einem Beweis beginnt und plötzlich etwas bewiesen hat, das man nie beweisen wollte? Was ist das für eine, wenn wir so sagen können, »Macht«, die hier die Erwartungen betrügt, die Absichten unterläuft und wie von selbst alle Rnstrengungen in ihr Gegenteil verkehrt?

Höchst verdächtig dabei erscheint mir die Form der Theorie, die in Bells Gedankenexperiment und Clausers Versuchen verwickelt ist. Dieser Verdacht lautet, daß eine selbstorganisierte Theorie sich auch gegen ihre Autoren durchsetzt. Daß sie eine innere Dynamik besitzt, die sich Raum verschafft. Warum sollte man Bell und Clauser nicht glauben? Nein, sie haben nicht mit den Ergebnissen ihrer Versuche gerechnet. Sie hätten lieber ganz andere Ergebnisse erzielt. Doch sie sind bloß Agenten gewesen. Sie haben etwas gedacht und wurden, ohne daß sie es merkten, anderswohin gelenkt. Was sie lenkte, das war ihre Theorie. Diese Theorie führte auf Folgen und Konsequenzen, die weniger in den Dingen, die sie behandelt, als in ihrer eigenen Form begründet sind. Eine solche Theorie zu vertreten heißt, sie konsistent zu machen. Und manchmal bedeutet das, daß ihre Vertreter gegen sich selber denken müssen. Mein Uerdacht läßt sich erhärten.

Kehren wir noch einmal zum Ausgangspunkt zurück. Kehren wir noch einmal zu den leitenden Fragen zurück. Wer hat recht? Bohr oder Einstein? Gibt es wirklich so etwas wie eine alokale Wirklichkeit? Könnte es möglich sein, daß es Ursachen gibt, die über weite Distanzen wirken? Ist es nicht viel plausibler, mit Einstein anzunehmen, daß es so etwas nicht geben kann? Daß es nur lokale Ereignisse gibt? Hat Einstein nicht recht, wenn er sagt, daß alles andere dazu führt, eine Physik unter Einbeziehung von Telepathie zu betreiben? Fernwirkungen widersprechen dem gesunden Menschenverstand, sie stehen unseren Intuitionen entgegen, sie sind, wie so vieles andere in der Quantenrnechanik, kontra-intuitiv. Nun wird man einwenden, daß Naturwissenschaft keine Geschmacksfrage ist. Das ist richtig. Um sie auch nicht als solche zu betreiben, fragen wir uns nach der Entscheidungshilfe, die John Stuart Bell im Streit der Meinungen gefunden hat. Wie ist es ihm denn gelungen, eine Lösung herbeizuführen? Erinnern wir uns. Er stand vor der Wahl, entweder lokale oder alokale Wirkungen zu überprüfen. Er entschied sich dafür, lokale Wirkungen zum Gegenstand seiner Überlegungen zu machen. Das lag nicht nur darin begründet, daß er sich für das Bekannte, für das Vertraute entschied. Vielmehr dwrin, daß es vielleicht gar nicht möglich sein könnte, jene andere Wirkung, jene alokale Wirkung *direkt* nachzuweisen. Also weist er sie indirekt nach, indem er zeigt, daß lokale Erklärungsmuster beim Versuch, seine Überlegungen zu verstehen, *nicht* reichen. Soweit zur Wahl, die Bell traf.

Damit war längst nicht alles getan. Die Arbeit fing jetzt erst an. Schließlich übernahm Bell eine gewisse Hypothek. Diese Hypothek war nichts anderes als EPR selbst. EPR hatte die Bedingungen für lokale Ereignisse angegeben und damit die Karten vorgelegt. Bell nahm sie auf. Die Karten, die Einstein, Podolsky und Rosen ausgegeben hatten, bezogen sich allesamt auf korrelierte Ereignisse. In ihnen versuchten sie, die Quantenmechanik einzufangen. Mit korrelierten Objekten sollten sie die Unvollständigkeit der Quantenmechanik beweisen. Auch Bell befaßt sich mit korrelierten Objekten. Doch dreht er den Spieß um. Statt der Unvollständigkeit der Quantenmechanik, zeigt er, daß sie die Korrelationswerte dieser Objekte richtig voraussagen kann. Daß er dabei, sozusagen im Vorbeigehen, auch noch nachweist, daß es deshalb alokale Wirkungen geben muß, macht den Reiz seiner Überlegungen aus – und ihre Voreiligkeit.

Sicher, seine Idee ist einfach und schlagend. Sie bringt die statistischen Komponenten der korrelierten Objekte so ins Spiel, daß die wieder zu den Möglichkeiten der Quantenmechanik passen. Das schafft er, indem er EPR dahingehend präpariert, daß die Quantenmechanik erneut eine Voraussage machen *kann.* Auf diese Weise entsteht das, was man die Bellschen Ungleichungen nennt. Auf diese Weise entsteht aber auch ein Konglomerat. Schließlich sollen diese Gleichungen *lokale* Wirkungen definieren. Und dabei sind sie doch ausschließlich statistisch. So können wir verstehen, warum man hier von Un-Gleichungen spricht. Ohne es zu wollen, hat man Bells Gleichungen mit einem vielsagenden Etikett versehen. Unter einer Ungleichung kann man ja auch eine Gleichung verstehen, die Ungleiches vergleicht. So ist es hier. Bells Ungleichungen bilden keinen Sachverhalt, sondern eine Aporie ab. Sie geben den Versuch wieder, über den lokalen, den konkreten Charakter der Wirklichkeit in statistischen Begriffen zu sprechen. Eigentlich müßten wir jetzt angeben können, welche der dargestellten Ansichten richtig ist. Wer hat recht, Bohr oder Einstein? Natürlich hängt die Beantwortung dieser Frage nicht zuletzt davon ab, wer von den beiden sich mit seinen Behauptungen wie weit vorgewagt hat. Dabei mag gar nicht entscheidend sein, wessen Vision glaubwürdiger ist. Da würde Bohr schlecht abschneiden. Nein, entscheidend ist vielmehr, wer dem anderen ein größeres Versagen unterstellt hat. Denn auch darin kann sich die Selbstverstärkung einer Theorieform äußern.

Stellen wir Bohrs und Einsteins Aussagen in diesem Sinne nebeneinander, so sehen wir schnell, worauf ich hinaus will. Was unterstellt Einstein der Quantenmechanik? Einstein unterstellt der Quantenmechanik, daß sie zwar prinzipiell richtig, jedoch unvollständig ist. Und Bohr? Wie urteilt Bohr über EPR? Bohr sagt, daß die Annahmen von EPR zu falschen Ergebnissen führen. Zwischen beiden Behauptungen liegt das, was ich die Selbstverstärkung einer Theorieform nenne. Sie beginnt da, wo ihr widersprechende Meinungen nicht nur relativiert, sondern einverleibt werden. Wie wir gesehen haben, scheitert dieser Versuch. Oder anders gesagt, er äußert sich in einer illegitimen Vermischung von Geltungsbereichen.

In Bells Ungleichung wird ein lokales Ereignis statistisch erfaßt. Das geschieht, indem diese Gleichung jenen Wert vorgibt, den eine rein lokale Auffassung der Versuchsanordnung dann zwangsläufig verletzt. Doch weil es sich bei der statistischen Erfassung korrelierter Objekte natürlich um überprüfbare Vorgänge und keineswegs um Hirngesprinste handelt, scheint auf diese Weise die Mangelhaftigkeit lokaler Schlußweisen bewiesen zu sein. Das aber geht zu weit. Bewiesen ist damit nur, daß statistische und nicht statistische, daß statistische und lokale Weltauffassungen *nicht* zusammenpassen. Daß sie, wie man auch sagen kann, un-gleich sind.

Sofern lokale Annahmen in statistischen Räumen sinnlos werden, verlieren statistische Annahmen auf lokaler Ebene ihre Geltungskraft. Aus der Diskrepanz zwischen den beiden Seiten der Bellschen Gleichung folgt so gesehen nichts. In ihr grenzen sich verschiedene Bereiche voneinander ab. Das ist alles. Und natürlich spricht das zugunsten Einsteins, der eine solche Abgrenzung von Geltungsbereichen angenommen hat. Die Voraussagen der Quantenmechanik sind richtig, das greift er nicht an. Trotzdem kann sie nicht vollständig sein, darauf beschränkt Einstein seine Argumentation. Auf diese Weise räumt er schon im vorhinein die unterschiedlichen Geltungsbereiche ein, die zu ignorieren, Bohr und Bell schließlich zu Fall bringen wird.

Theorien sind lokal. Daran können auch und gerade alokale Theoriemuster nicht vorbei. Damit will ich nicht sagen, daß die eine Theorie hier und die andere Theorie dort ihre Richtigkeit hat, daß selbstorganisierte Theorieformen, egal was, wo und wie sie behandeln, unvollständig sind. Daß ihnen etwas entgeht, damit sie funktionieren. Ich möchte das mit einer Überlegung demonstrieren.

Wir denken noch einmal über Bells Vorgehensweise nach. Bestimmten Meßkonstellationen entsprechen bestimmte Korrelationen. Für das Maß dieser Entsprechung gibt es einen Wert. Diesen Wert gibt die Quantenmechanik an. Er ist statistisch. Das heißt, daß er sich aus einer im einzelnen nicht vorhersagbaren Summe von Ergebnissen zusammensetzt. Natürlich erinnert uns diese Situation an die Version von EPR, die David Bohm gegeben hat. Dort folgte die Unvollständigkeit der Quantenmechanik daraus, daß sie jene Einzelmessung, die entweder eine nach oben oder nach unten gerichtete Polarisation messen würde, nicht voraussagen konnte, obwohl sie von dem Teilchen, das damit korreliert gedacht war, immer schon vorweggenommen wurde. Diese Vorwegnahme, das entsprach dem von Einstein, Podolsky und Rosen extrahierten »Element der Realität«, das der Quantenmechanik entgeht. Obwohl es dieses Element gibt, entzieht es sich ihrer Kenntnis. Deshalb ist die Quantenmechanik unvollständig.

Diese Überlegungen können wir auf die Bellschen Überlegungen anwenden. Auch hier gibt es eine statistische Varianz, deren Einzelabfolge von der Quantenmechanik nicht angegeben werden kann. Diese statistische Varianz bezieht sich auf die Korrelationen der einzelnen Meßergebnisse. Nur daß es dieses Mal nicht eine Messung, sondern eine Serie von Messungen gibt. Jetzt nehmen wir diese Serie, die beiden Meßgeräte und die Ergebnisse, die sie liefern als Ganzes. Das soll bedeuten, daß wir versuchen, eine nächst höhere Ebene einzunehmen. Wir betrachten das gesamte Versuchsfeld, das Bells Ungleichungen ausmacht, sozusagen »von außen«. Dieser geistige Klimmzug verfolgt eine ganz bestimmte Absicht. Mit ihm versuche ich, den von der Quantenmechanik richtig vorausgesagten Korrelationswart seinerseits zu korrelieren. Womit lassen wir ihn korrelieren? Sagen wir, mit einem beliebigen anderen Teilchen. Und diese Korrelation sollten wir uns so vorzustellen versuchen, daß sie wieder der Art von Korrelationen nachkommt, die David Bohm sich ausgedacht hat. In dem Moment, da dieses Teilchen auftaucht, das dem von der Quantenmechanik vorausgesagten Wert der Korrelationsfolge entspricht, greift EPR erneut. Denn obwohl kein Quantenmechaniker die genaue Abfolge der Einzelmessungen und ihrer Korrelationen voraussagen kann, muß sie von jenem Teilchen, das mit ihr in Korrelation gedacht wird, schon vorweggenommen worden sein. So wiederholt sich Bohms Version von EPR auf nächst höherer Ebene. Und das ganz unabhängig davon, ob EPR den Wert, den die Quantenmechanik richtig voraussagt, seinerseits voraussagen kann oder nicht.

Zugegeben, es handelt sich um ein recht abstraktes Gedankenexperiment. Zugegeben auch, daß man sicher eine Möglichkeit finden wird, nun wiederum aus dieser Korrelation eine Ungleichung zu bauen, die lokale Annahmen ad absurdum zu führen scheint. Das alles zugegeben bleibt doch eines, worauf wir beharren können: Auch für jene neue Ungleichung werden wir ein korreliertes Objekt annehmen können, das ihre, ja, notwendig statistisch erzeugte Wertvorgabe in ihren konkreten Einzelschritten vorweggenommen hat. Statt in diesem Streit zu einen Sieger zu benennen, und das heißt, zu einem Ende zu kommen, wird immer der verlieren, der zuviel beweisen will. Unvollständig bleiben beide Positionen. Unvollständig bleiben sowohl die EPR-konformen Korrelationen, die die richtigen Verteilungen nicht voraussagen können. Unvollständig bleiben aber auch jene statistischen Werte, die zwar richtigen Voraussagen entsprechen, denen aber ihre Einzelbestandteile entgehen. Falsch sind beide nicht. Wer folglich seinem Kontrahenden unterstellt, falsche Ergebnisse zu liefern, möchte damit nur die Schwäche, die Unvollständigkeit des eigenen Konzepts überspielen. Anders gesagt, er will, daß sich dieses Konzept nicht selbst schwächt, sondern selbst verstärkt. Und das oftmals, ohne es zu direkt zu beabsichtigen.

Es war Einstein, der immer wieder versuchte, die Gültigkeit der Quantenmechanik auf bestimmte Wirklichkeitsegmente zu beschränken. Das scheint für jemanden, der selber eine Relativitätstheorie entwickelt hat, nur naheliegend zu sein. Doch ist das nicht die einzige Erklärung für Einsteins anhaltende Kritik. Ganz im Gegenteil werde ich zu zeigen versuchen, daß er seine Relativitätstheorie gewiß nicht relativ empfand und deshalb ganz andere Ursachen seine distanzierte Haltung zur Quantenmechanik erklären müssen. Nicht weil Einsteins Relativitätstheorie alles relativ macht, setzt sie sich kritisch mit dem Universalitätsanspruch der Quantenmechanik auseinander, sondern weil sie *ebenfalls* eine selbstorganisierte Theorie ist.

Nun klingt diese Behauptung auf den ersten Blick nicht allzu überzeugend. Wenn sowohl Bohr als auch Einstein selbstorganieierte Theorieformen erfunden haben, warum streiten sie dann? In dar Tat kann man diesen Widerspruch nur klären, indem man den Begriff einer selbstorganisierten Theorie weiter differenziert. Wie soll das geschehen? Sicher gibt es hier viele Möglichkeiten. Zum Beispiel könnte man selbstorganisierte Theorien dem Grad ihrer Geschlossenheit nach unterscheiden. Etwas einfacher gesagt, würde man danach fragen, wie gelungen sie sind. Wobei diese Frage gar nicht so leicht zu beantworten ist. Wann ist eine selbstorganieierte Theorie gelungen? Welche Kritierien bieten sich an, um die Richtigkeit einer selbstorganisierten Theorieform anzugeben? Auch wenn es vielleicht noch gar nicht möglich ist, sinnvolle Antworten auf diese Fragen zu geben, wird man zumindest sagen können, daß sie uns von den traditionellen Auffassungen, wie solche Antworten auszusehen haben, wegführen. Schließlich mißt sich eine selbstorganisierte Theorie daran, in welchem Maß ihr die Modifikation von Gegenständen zu gelingen scheint. Und natürlich widerspricht ein solches Kriterium jenen Anforderungen, die man üblicherweise an Theorien stellt. Wie sehen diese Anforderungen dann aus? Sie zielen auf die *Entsprechung*: zwischen Theorie und Theorieobjekt, auf deren adäquates Verhältnis. Ganz anders geht es bei selbstorganisierten Theorien zu. Sie wollen dieses Verhältnis dominieren. Sie wollen es nicht aus ihrem Gegenstand, sondern aus sich selbst heraus begründen. Also kann man einer selbstorganisierten Theorie die Frage nach ihrer Gültigkeit nicht dadurch präsentieren, indem man sie fragt, ob sie ihren Gegenstand auch gut getroffen hat. Das will sie nicht. Selbstorganisierte Theorien treffen ihre Gegenstände nicht, um sie abzubildan, sondern um sie zu verändern.

Von dieser ersten Andeutung, die man selbstorganisierte Theorien auf ihre »Richtigkeit« befragt, können wir auf das Problem zurückkommen, wie man sie *voneinander* differenziert. Selbstorganisierte Theorien differenziert man voneinander, indem man beispielsweise zu beurteilen versucht, *wie sehr* sie ihren Gegenstand verändert haben. So können sich Unterschiede ergeben. Sie reichen von Theorien, die ihr Objekt nur wenig, bis zu Theorien, die es ganz und gar verändert haben. Wenn wir uns also fragen, wo auf dieser Skala die Quantenmechanik einzutragen wäre, müssen wir zuerst einmal überlegen, wie sehr sie ihre Gegenstände modifiziert. Ich glaube, daß die Antwort auf diese Frage eindeutig ausfällt, jedenfalls solange wir sie auf die Kopenhagener Deutung der Quantenmechanik beziehen. Da für sie das mikrophysikalische Objekt allererst auftaucht, sobald es Gegenstand der Quantentheorie geworden ist und unabhängig von ihr gar nicht existiert, nimmt sie auf der angedeuteten Skala einen sehr hohen Wert ein.

Was könnte es nun heißen, wenn diese Auffassung von einer anderen selbstorganisierten Theorieform angegriffen wird? Eigentlich nur zweierlei: Daß diese andere Theorieform noch höher, oder aber, daß sie niedriger angesiedelt ist. Und weil die Kopenhagener Deutung der Quantenmechanik in der Art und Weise, wie sie ihre Gegenstände verändert, an Radikalität wohl kaum zu übertreffen ist, heißt das, daß jene andere selbstorganisierte Theorieforrn in den Veränderungen, die sie ihren Gegenständen zufügt, *nicht so weit geht.*

Für diese Überlegung spricht, daß sie gut zu Einsteins Einwand paßt, der in seinen Augen wohl am stärksten gegen die Quantenmechanik sprach: sie sieht von der Natur an sich ab und varhandelt statt dessen das, was wir an Kenntnissen von ihr erlangen. In dieser Verschiebung, die von den Objekten auf die Art und Weise, wie sie uns erscheinen, übergabt, schlagen sich so gesehen verschieden weit vorangetriebene Theorieformen nieder. Der Theorie, die schon derart weit selbstorganisiert ist, daß ihr eine Natur an sich längst nicht mehr begegnen kann und auch nicht mehr bagegnen soll, steht eine Theorieform gegenüber, die auf eine solche Begegnung weiterhin Gewicht legt. Oder besser gesagt: Damit nähern wir uns erneut der Skala, auf der wir eintragen, bis zu welchem Grad eine Theorie selbstorganisiert ist, welche noch nicht in dam Maß selbstorganisiert ist wie die Kopenhagener Deutung der Quantenmechanik. Für sie gibt es noch Objekte, die von der Art und Weise, wie wir sie erfassen, unabhängig sind. Das soll nun nicht heißen, daß damit ein Urteil darüber gesprochen wird, welche dieser Theorien richtiger ist. Wie wir gesehen haben, gibt es Wirklichkeitssegmente, in denen es gerade darauf ankommt, daß die Theorie, die sie erfassen will, so weit wie möglich selbstorganisiert ist. Konkret heißt das zum Beispiel, daß nur eine selbstorganisierte Theorie, die ihre Gegenstände radikal verändern kann, zu statistischen Prognosen bezüglich des Verhaltens dieser Gegenstände in der Lage ist.

Wenn also nicht die Richtigkeit, was dann schlägt sich in der angedeuteten Differenzierung nieder? Daß sie sich auf das Maß bezieht, in dem eine Theorie ihre Gegenstände variiert und ändert, hilft uns dabei, diese Frage zu beantworten. Was geschieht denn, sobald eine selbstorganisierte Theorie so weit wie möglich fortgeschritten ist? Nun, ganz einfach: Sie hat kein Objekt mehr. Jedenfalls hat sie kein Objekt mehr, das dem gleicht, was wir gewohnt sind, ein Objekt zu nennen. Alles befindet sich in ihr, es gibt nichts, was außerhalb geblieben wäre. Und eine Theorie, die nicht so weit geht? Hier bleiben noch Reste von dem, was wir gewohnt sind, ein Objekt zu nennen. Woraus folgt, daß der von mir vorgeschlagene Vergleich selbstorganisierter Theorieformen zwar nicht über die Stimmigkeit dieser Theorien zu entscheiden mag, wohl aber über deren Geltungsbereich. Daraus ergibt sich etwas Seltsames. In dem Maße, in dem eine selbstorganisierte Theorie fortgeschritten ist, wird ihr die Möglichkeit zu dieser Entscheidung schwerer fallen. Zum Geltungsbereich einer selbstorganisierten Theorie hat nur die selbstorgansierte Theorie einen Zugang, die in ihren Möglichkeiten beschränkt ist. Warum? Deshalb, weil in dem Maße, wie sich eine selbstorganisierte Theorie ihre Möglichkeiten erschließt, ihr Gegenstand verschwindet. Das aber heißt, daß sie sich *schließt*. Das aber heißt, daß sie ihren Geltungsbereich nicht mehr beurteilen kann. Daß sie sich nahezu zwangsläufig *überschätzen* muß. So kommt es, daß Einstein, dessen Theorie nicht so selbstorganisiert wie die Theorie von Bohr war, die Unvollständigkeit der Quantenmechanik auffallen konnte, ihr, anders gesagt, *eingeschränkter* Geltungsbereich. Wie das geschah, möchte ich in den folgenden Kapiteln darstellen.

TEIL II: RELATIVITÄTSTHEORIE

Selbstorganisation Die spezielle Relativitätstheorie

1. *Die absolute Lichtgeschwindigkeit*

Es könnte ein Zufall sein, vielleicht ist es auch einer, daß die Relativitätstheorie und die Quantenmechanik von einem gemeinsamen Problem ausgegangen sind. Dieses Problem war das Problem von der Wellennatur ihrer Gegenstände. Sicher erinnern wir uns noch an jene Sprache, die Schrödinger erfand. In ihr sprechen Quantenmechaniker über mikrophysikalische Objekte, indem sie sich deren Eigenschaften in Gestalt unterschiedlicher Wellenformen vorstellen. So stehen die spitzen Pulswellen beispielsweise für den Aufenthaltsort eines solchen Objekts, während langgezogene Sinuswellen seine Bewegungen, seinen Impuls angeben. Ganz ähnlich verhält es sich in der Relativitätstheorie. Hier ist es das Licht, das man als Welle zu begreifen sucht. Licht kann gebeugt werden, es gibt einen Spektralbereich des Lichts, Licht schwingt.

Das kann man leicht feststellen, indem man die Strahlen einer punktförmigen Lichtquelle durch ein winziges Loch in einem ansonsten lichtundurchlässigen Schirm auf eine Fotoplatte fallen läßt. Wenn man jetzt zwischen Schirm und Platte einen weiteren lichtundurchlässigen Körper schiebt, entscheidet der Schatten, den er auf die besagte Platte wirft, über die Natur der Strahlen, die unser feines Loch durchdringen. Ist der Schatten klar und genau umgrenzt, müssen diese Strahlen aus Teilchen bestehen, die entweder vom dazwischenliegenden Körper abprallen oder aber, weit genug von ihm entfernt, einen ungestörten Weg von der Öffnung im Schirm zur Fotoplatte nehmen. Ist der Schatten jedoch unklar und seinerseits wie von Schatten durchsetzt, müssen die Lichtstrahlen, die unseren störenden Körper umfluten, wellenförmig sein, haben sie sich doch zumindest teilweise um seinen Rand gebeugt, Ein solcher Ausgang unseres Experiments wird Lichtstrahlen als eine Art Flüssigkeit erscheinen lassen, und jenen Körper, den wir zwischen Schirm und Platte geschoben haben, als Stein in ihrer Strömung. Die unscharfen und eher uneindeutigen Rändar, die sein Schatten wirft, entsprechen dann den kleinen Wellenkräuselungen, die sich in seinem, wenn man so sagen kann, Kielwasser bilden.

Man beachte die Wellen, die sich im abgeschirmten Bereich hinter dem Stein im ruhigen Wasser ausbreiten. Auf diese Weise könnte Licht sogar Gegenstände, solange sie klein genug sind, umgehen. Soweit zu den Vorüberlegungen.

Wir schalten jetzt unsere Lichtquelle an und schieben den perforierten Schirm unter sie. Die Fotoplatte ist bereit, ebenso der den freien Verlauf der Lichtstrahlen hindernde Körper. Wir untersuchen den Schatten, den er erzeugt. Dieser Schatten hat keinen eindeutigen, keinen klaren Rand. Sein Rand ist verschwommen, und selbst im Innern des Schattens können wir noch mehrere Ringe von unterschiedlicher Helligkeit erkennen. Also steht die Antwort fest. Ein

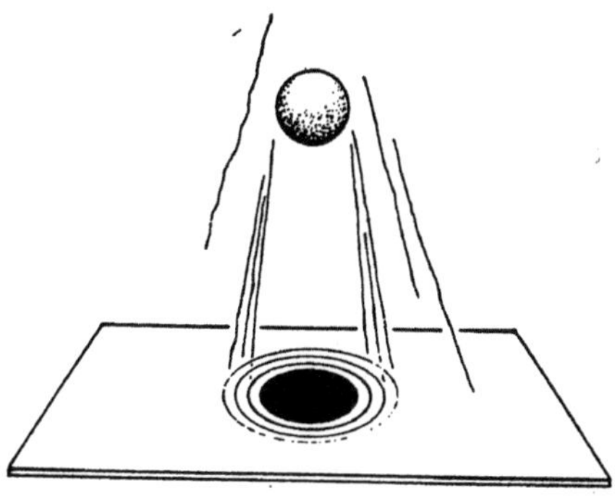

Lichtstrahl hat Wellennatur. Allerdings sollte man die Ähnlichkeiten zwischen Relativitätstheorie und Quantenmechanik nicht übertreiben. Schließlich kann man sich Licht als eine Welle vorstellen, ohne daß man damit auch nur andeutungsweise eine Statistik dieses Lichts betreibt. Das aber ist Ziel und Zweck der Wellenformen in der Quantenmechanik. In ihr führt die spezielle Art und Weise, in der Objekteigenschaften als Wellen dargestellt werden, zu einer Statistik dieser Objekte. Was bleibt dann von der Ähnlichkeit, die zwischen Relativitätstheorie und Quantenmechanik zu bestehen scheint? Um auf diese Frage zu antworten, müssen wir uns nochmals darauf besinnen, wie genau in der Quantenmechanik Wellen und Gegenstandsattribute zusammenhängen. Dabei geht es weniger um die konkreten Substitutionen. Es geht nicht um die exakte Zuweisung von Orts- und Puls- bzw. von Bewegungsattributen und Sinuswellen. Vielmehr geht es um diesen Verweisungszusammenhang selbst. Die Wellenformen, die in der Quantenmechanik auftauchen, stehen für bestimmte Eigenschaften von Objekten. Anders gesagt, die Wellenformen der Quantenmechanik repräsentieren sie.

Ich möchte nun versuchen, diese sehr allgemeine Funktionsbeschreibung einer quantenmechanischen Wellensprache auf die Wellensprache zu übertragen, von der Albert Einstein spricht. Dabei ist es allerdings schon fraglich, ob es sich hier überhaupt um eine Sprache handelt. Eine Sprache verweist auf etwas, sie spricht über etwas. In diesem Sinne spricht in der Quantenmechanik jede Wellenform über einen Aspekt im Gegenstandsbereich ihres Objekts. Wovon spricht das Licht? Wovon spricht die Welle, als die in der Relativitätstheorie das Licht erscheint? Sicherlich spricht sie nicht über eine bestimmte Eigenschaft. Mit einer solchen Sprache, einer solchen Ausdrucksweise hat Einstein nichts im Sinn. Dennoch spricht auch seine Welle, spricht auch die Lichtwelle von etwas. Ich möchte diesem »Etwas« nachspüren, um es mit den Gegenständen, von denen quantenmechanische Wellen sprechen, zu vergleichen.

Stellen wir uns Wind vor. Wind spürt man. Wind bläst uns mit unterschiedlicher Stärke ins Gesicht. Wenn wir nichts spüren, weht kein Wind. Jetzt denken wir uns selber isoliert. Wir stellen uns vor, daß wir von Umwelteinflüssen abgeschirmt sind, daß wir in einer hermetisch verriegelten Box stecken. Zwar sehen wir, was um uns vorgeht, aber spüren nichts davon. Um diese Box herum tobt schwerer Sturm. Können wir das wissen? Nein. Wir stecken in dem Gehäuse und empfinden nichts. Solange die Schachtel, die uns umgibt, sich in einem Vakuum befindet, zeigt uns nichts an, ob da ein Wind geht oder nicht. Jetzt stellen wir die Box mit ihrem Inhalt und uns mitten selber in ein Kornfeld. Durch dieses Kornfeld streift der Wind. In Böen fällt er ein und verwandelt es in ein wogendes Meer. Also sehen wir den Wind. Obwohl unsere Box nach wie vor luftdicht verschlossen ist, wissen wir, daß um uns Wind weht, daß Sturm herrscht. Wir wissen das, weil wir es an den Bewegungen jener Masse ablesen, in der wir uns befinden, jener Masse, die ein Kornfeld, die eine Wasserfläche sein kann. Wir lesen es an den Wellen ab, die der Wind im Kornfeld bzw. im Wasser erzeugt. Daraus folgt, daß es etwas gibt, das uns den Wind darstellt, das ihn repräsentiert. Diese Darstellung zeigt uns an, daß es Wind gibt. Ohne diese Darstellung wüßten wir es nicht. Von daher ist es nur noch ein kleiner Schritt, um die Frage zu beantworten, was eine Lichtwelle abbildet. Auch eine Lichtwelle zeigt uns etwas. Wie die Welle, die das Korn wirft, auf den Wind verweist, der es durchpflügt, wie die Wasserwelle auf den Sturm verweist, der sie hochpeitscht, so verweist auch die Lichtwelle auf einen Wind, der sie ermöglicht. Dieser Wind ist es, der sie darstellt, der sie repräsentiert. Und natürlich ist der Wind, den die Lichtwelle anzeigt, kein gewöhnlicher Wind, kein Wind, der uns ins Gesicht schlägt, der den Regen peitscht und Bäume schüttelt. Der Wind, den die Lichtwelle anzeigt, ist der Ätherwind. Wir bewegen uns in ihm, doch wir spüren ihn nicht. Würde ihn das Licht in seiner Wellenform nicht repräsentieren, wir wüßten nicht einmal, daß es ihn gibt.

Jetzt können wir die Frage nach der Ähnlichkeit zwischen den quantenmechanischen und den relativen Wellen beantworten. Die quantenmechanische Welle stellt Objekte, die Lichtwelle den Ätherwind dar. Natürlich wird man sich fragen, was das überhaupt ist, ein Ätherwind? Nun, soviel ist sicher: beim Ätherwind handelt es sich um eine Lieblingsidee der Naturwissenschaftler, die bis in den Beginn unseres Jahrhunderts reicht. Gibt es ihn deshalb? Das genau ist die Frage, die von vielen gestellt wurde. Auf der einen Seite wußte man, daß das Licht in Wellen verläuft, nicht aber, warum das so ist. Die Annahme eines Ätherwindes war deshalb eine Extrapolation. Wie man auf ihn kam, mag meine kleine Skizze angedeutet haben: Auch anderswo kann man Wellen beobachten. Auch anderswo werden Wellen erzeugt. Trotzdem blaibt eine Extrapolation eine unsichere Sache. Schließlich könnte beim Licht alles ganz anders sein. Es lag also nahe, den Ätherwind zu suchen. Wenn es stimmt, daß er das Licht zu jenen Wellen kräuselt, die wir bei ihm beobachten können, dann muß er irgendwo sein. Wo sollte er aber sein? Die Antwort ist einfach: überall. Der Ätherwind füllt die scheinbar leeren Räume, die zwischen weit entfernten Sternen, zwischen Galaxien liegen. Der Ätherwind erstreckt sich aber auch zwischen dem Aufsprühen eines Lichtstrahls, wie ihn zum Beispiel ein angerissenes Stieichholz wirft, und dem kurzen Wimpernschlag, mit dem unser Auge auf die ungewohnte Helligkeit reagiert. Ob riesige oder winzige Distanzen: damit das Licht sie wellenförmig überbrücken kann, sind sie mit Äther gefüllt. So ungefähr sieht die Vorstellung aus, die sich Physiker und andere Naturwissanschaftler im vorigen und auch noch zu Beginn unseres Jahrhunderts vom Äther machten. Diese Vorstellung galt es zu überprüfen. Aber wie? Wie soll man eine Größe aufspüren, von der man bloß den Effekt sieht?

Eine mögliche Antwort auf diese Frage lautet: Indem man sich bewegt. Unsere Bewegung erzeugt, man kann auch sagen, unsere Bewegung macht Wind. Natürlich soll das nicht heißen, daß wir Lichtwesen wären oder uns gar wellenförmig fortbewegen. Schließlich ist es in erster Linie nicht der Äther, den wir durchqueren, sondern die Luft. Trotzdem hilft uns die Vorstellung vom Wind, der durch Bewegungen erzeugt wird, weiter. Nehmen wir einmal an, daß das Weltall tatsächlich bis zum Rand mit Äther angefüllt ist. Dann wäre es so, daß ein Lichtstrahl sich in diesem Äther bewegt. Und wenn der Äther wirklich das Medium ist, das dem Licht so zugehört wie das Wasser dem Fisch und die Luft dem Menschen, dann könnte es diese Bewegung des Lichts sein, die den Wind hervorruft, den wir suchen, den Ätherwind.

Doch wie soll man diesen Wind nachweisen? Daß er es ist, der das Licht in Wellen wirft, ist nach wie vor eine Hypothese. Auch wenn wir diese Vorstellung vom Ätherwind dahingehend konkretisieren, daß es eine Art Medium geben muß, das sich einem Lichtstrahl gegenüber, der es durchquert, wie ein Wind äußert, ist dieses Medium noch lange nicht real. So ungefähr mögen die Fragen gewesen sein, die vor hundert Jahren Naturwissenschaftler in vielen Ländern beschäftigt haben.

Licht bewegt sich durch den Äther und erzeugt Ätherwind. Das ist die Ausgangslage. Diese Vorstellung soll überprüft werden. Um von hier nach dort zu gelangen, ersinnt man gewöhnlich eine Versuchsanordnung. Wie kann Licht so bewegt werden, daß aus dieser Bewegung die Existenz des Mediums, das es durchläuft, erhärtet wird? Auf diese Frage hat man mit einem der ungewöhnlichsten Experimente in der Geschichte der Naturwissenschaft geantwortet. Warum ist dieses Experiment so ungewöhnlich? Weil es einen Gegenstand einbezieht, der gewaltig ist. Üblicherweise spielen sich Experimente in geschlossenen Räumen, hinter Mauern und im eng umgrenztem Rahmen ab. Auch Michelson und Morley, die Erfinder des Experiments, haben so begonnen. Ihre Versuchsanordnung besteht aus ein paar Spiegeln und einer Lichtquelle, deren Strahlen zwischen ihnen hin- und herlaufen. Dabei geben Michelson und Morley die Wege des Lichts vor. Sie sind entgegengesetzt und jeweils getrennt meßbar. Was wird gemessen? Gemessen wird die Zeit, die ein Lichtstrahl benötigt, um von Spiegel zu Spiegel zu gelangen. Das alles ist nicht ungewöhnlich. Ungewöhnlich ist erst der Bezugspunkt, auf den Michelson und Morley diese Lichtwege richten. Der Bezugspunkt ihres Experiments ist die Erde selbst, genauer, ihre Umlaufbahn. Das ist der Grund, warum ich gesagt haben, daß ihr Versuch einen Gegenstand von gewaltiger Größe einbezieht. Die Überlegung, die dazu führt, ist eine direkte Schlußfolgerung aus jenen Annahmen, die dem Äther galten. Wenn es stimmt, daß er alle Räume, ja selbt die Leere zwischen den Sternen füllt, muß ihn die Erde auf ihrer Bahn durchqueren, Und weil wir uns schon darüber verständigt haben, daß ein Körper, der sich durch ein Medium bewegt, Wind erzeugt, sollte die Erde bei ihrem Wag durch den Äther genau das hervorbringen, was nachgewiesen werden soll: Ätherwind.

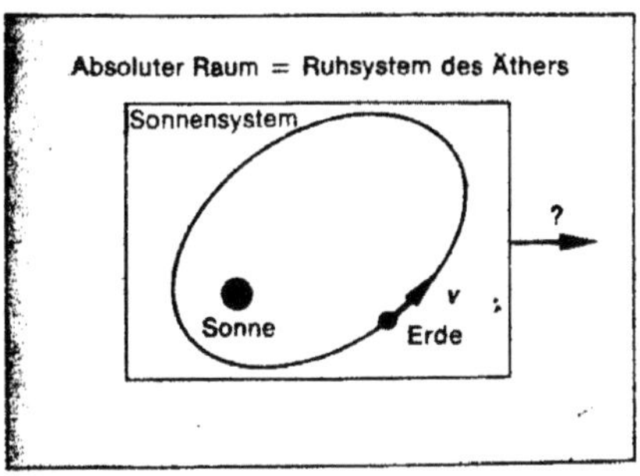

Wegen der Bahnbewegung der Erde um die Sonne kann man nicht annehmen, daß die Erde im Äther ruht. Ferner sollte sich auch das gesamte Sonnensystem durch den Äther bewegen.

Um den Ätherwind nachzuweisen, ist es also sinnvoll, eine Versuchsanordnung aufzubauen, in die diese Erdbewegung einbezogen ist. Genau das haben Michelson und Morley getan. Erinnern wir uns: In ihrem Experiment laufen die Lichtstrahlen entgegengesetzt. Vereinfacht denken wir uns ihre Wege einmal von rechts nach links und, parallel dazu, von links nach rechts geführt. Wie ist es zu verstehen, daß hier die Erdbewegung selber impliziert wird? Ganz einfach: indem einer dieser Wege, sagen wir, der von links nach rechts, mit der Erdumlaufbahn identisch, der andere Weg ihr exakt entgegengesetzt ist. Das ist die Idee, die Michelson und Morley hatten, um den Ätherwind zu messen.

Sehen wir uns die Bahn der Erde an. Sie erstreckt sich, so es ihn gibt, durch einen mit Äther angefüllten Raum. Da sich die Erde schnell bewegt, erzeugt sie Wind. Dieser Wind streicht über ihre Oberfläche, wie sich Luft auch über unsere Haut bewegt, wenn wir uns schnell bewegen. Das aber sollte handfeste Auswirkungen auf unsere beiden Lichtstrahlen haben. *Der* Lichtstrahl, dessen Weg mit der Richtung der Erdbahn übereinstimmt, sollte den Wind, den die Geschwindigkeit der Erde erzeugt, *hemmend* zu spüren bekommen. Um es bildlich auszudrücken: der Ätherwind bläst ihm ins Gesicht. Genau umgekehrt ergeht es dem anderen Lichtstrahl. Er hat sozusagen »Rückenwind«. Er bekommt den Sog, den die Erdbewegung im Äther hinter sich läßt, nicht hemmend, sondern *beschleunigend* zu spüren. Hier jetzt die Überlegung von Michelson und Morley.

Wenn es einen Äther gibt, und wenn ihn die Erde in ihrem Lauf durchs Weltall durchquert, dann muß er sich auf jene Lichtstrahlen auswirken, die einmal mit der Erdbewegung und einmal gegen sie verlaufen. In einem Satz: Wenn es den Äther gibt, braucht ein Lichtstrahl, um den Weg zwischen seinen Spiegeln zu durchlaufen, *länger* als der andere.

Irgendwann war alles bereit. Um noch die kleinsten Erschütterungen auszuschließen, schwammen die Spiegel, von denen das Licht gelenkt werden sollte, in einern Quecksilberbad. Einander entgegengesetzt waren sie ausgerichtet und empfingan jetzt den Lichtstrahl. Noch während sich die Lichtstrahlen zwischen den Spiegeln und damit zwischen den Meßstallen befinden, ist die Erde, jener immense Bestandteil unseres Experiments, viele Kilometer weiter ihrer Bahn durchs All gefolgt, hat Äther durchbrochen und über ihre Oberfläche verteilt. Hat also mit ihrer Bewegung einen Lichtstrahl behindert und den anderen favorisiert. Eine Meßstelle

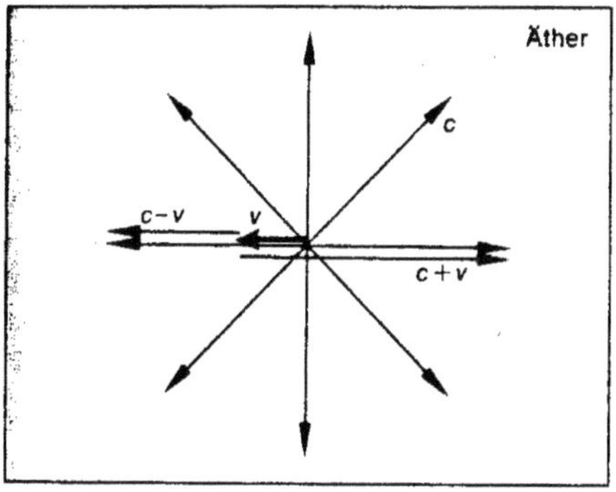

Im Äther breitet sich Licht in alle Richtungen mit der Geschwindigkeit c aus. Bewegt sich Erde mit der Geschwindigkeit v durch den Äther, so sollte die Lichtgeschwindigkeit in Bezug auf die Erde unterschiedliche Werte annehmen. Entgegen der Richtung der Erdbewegung müßte sich Licht mit der Geschwindigkeit c + v ausbreiten. Parallel zur Erdbewegung sollte die Lichtgeschwindigkeit c - v betragen.

spricht an. Der gegen den Ätherwind, den die Bahn der Erde erzeugt, ankämpfende Lichtstrahl hat seine Wegstrecke zurückgelegt. Der ihm entgegengesetzt geführte Lichtstrahl auch. Es gibt keine Differenz. Beide Lichtstrahlen erreichen ihre Meßstelle exakt zur gleichen Zeit. Und das, obwohl der eine Strahl vom Ätherwind angetrieben, der andere jedoch von ihm zurückgehalten wird.

Und wieder zeigen sich unsere Forscher voller Bedauern. Das haben sie nicht gewollt. Sie waren sich so sicher, daß ihr Experiment die Existenz des Ätherwindes anzeigen würde. Deshalb haben sie es gemacht. Erst Bell und Clauser, jetzt Michelson und Morley. Überall eine ähnlich ratlose Geste. Natürlich wäre es voreilig, allein daraus auf selbstorganisierte Systeme zu schließen. Doch immerhin. Wir scheinen auf einer richtigen Fährte zu sein.

Auch das Experiment von Michelson und Morley wendet sich in gewisser Weise gegen seine Erfinder und fordert sie heraus. Fordert zu neuen Erklärungen, fordert neue Theoriemuster. Ist damit der Äther abgeschafft? Beileibe nicht. So leicht geben wir uns nicht geschlagen! Vielleicht waren die Messungen zu ungenau. In der Tat hat man die beschriebenen Versuch oft und stets genauer durchgeführt. Das Ergebnis aber blieb gleich. Immer benötigten die Lichtstrahlen, um ihren Weg zu bewältigen, die gleiche Zeit. Wenn es also nicht an der Meßgenauigkeit lag, woran dann? Schwer zu sagen. Und wenn es so wäre, daß der Äther noch viel mehr bewirkt? Daß er nicht nur das Licht zu Wellen kräuselt, daß er nicht nur die Räume zwischen den Sternen füllt, daß er sich auf Weise bemerkbar macht, an die zu glauben schwer ist? Zugegeben, es ist nicht naheliegend, aus den Ergebnissen des Versuchs von Michelson und Morley, die doch gegen die Existenz des Äthes zu sprechen scheinen, gerade auf seine Existenz zu schließen. Trotzdem haben es zwei Physiker unabhängig voneinander getan. Der irische Wissenschaftler George Fitzgerald und sein holländischer Kollege Hendrik Anton Lorentz. Noch vor Einstein geben sie eine gewagte Erklärung für die so enttäuschenden Versuchsergebnisse ab, die Michelson utd Morley erzielt haben. Dabei leitet sie folgende Frage: Wie ist es möglich, aus einem Experiment, das die Existenz des Äthers annuliert, ein Experiment zu machen, das ihn bekräftigt? Im Experiment von Michelson und Morley bewegen sich zwei Lichtstrahlen zwischen Spiegeln. Obwohl ihre Wege so arrangiert sind, daß sie einmal mit und dann gegen die Umalufbahn der Erde verlaufen, hat die Messung der Zeit, die sie dafür brauchen, keinen Unterschied ergeben. Das soll erklärt werden, und zwar so, daß es nicht gegen die Existenz des Äthers und des Ätherwindes spricht. Erinnern wir uns. Die Lichtbahn, die mit der Erdbahn verläuft, kämpft gegen ihn, die Lichtbahn, die gegen ihn verläuft, wird vom ihm beschleunigt. Wenn also die Messungen keinen Unterschied zeigen und es keinen Grund gibt, an ihrer Richtigkeit zu zweifeln, was soll dann der Äther bewirkt haben?

Hier nun die Antwort, die Fitzgerald und Lorentz unabhängig voneinander gegeben haben: Der Äther hat nicht nur den einen Lichtstrahl gehemmt und den anderen angetrieben, er hat darüber hinaus auch die *Länge* der Wege beeinflußt, die beide für sich zu bewältigen haben. Genau diese Distanzveränderung bewirkt, daß sich die Wirkung des Ätherwindes *nicht* in den Messungen zeigt. Das ist die Idee, um das Ergebnis des Versuchs von Michelson und Morley doch noch zu dem zu machen, was sie sich von ihm erhofften: zu einer Bestätigung des Ätherwindes.

Wir brauchen nur anzunehmen, daß der Äther, sobald er gegen den Verlauf eines Lichtstrahls gerichtet ist, nicht nur die Zeit verlängert, die dieser Strahl braucht, sondern in gleichem Maße den Weg, den er zurücklegen muß, verkürzt. Ebenso würde er den Strahl, der sozusagen mit ihm fliegt, nicht nur beschleunigen, sondern auch den Weg, den dieser zu bewältigen hat, verlängern. Auf diese Weise gleichen sich die jeweiligen Unterschiede aus und heraus kommt genau die Messung, die Michelson und Morley ablesen, ohne daß dadurch die Existenz des Äthers widerlegt ist. Ganz im Gegenteil! Nur weil es den Äther gibt und weil er auch auf Weglängen, also räumliche Gegabenheiten, einwirkt, brauchen Lichtstrahlen, egal ob sie gegen den Ätherwind oder mit ihm reisen, stets diesselbe Zeit.

Diese Erklärung hört sich gewagt an und sie ist es auch. Trotzdem ist sie nicht leicht zu widerlegen. Selbst wenn es auf den ersten Blick so scheint, als brauchten wir doch bloß die Weglängen zu messen, um nachzuprüfan, ob Lorentz und Fitzgerald recht haben, wird uns das nicht sicherer machen. Warum nicht? Weil auch das Maß, das wir anlegen, um die Entfernung zwischen den Spiegeln auszumessen, seinerseits verkürzt oder verlängert sein wird. Damit haben Fitzgerald und Lorentz einen folgenreichen Schritt getan! Sie haben das als veränderlich gedacht, was nach traditioneller Auffassung stets und überall gleich sein muß: den Raum. Es kommt ganz darauf an, wie der Äther auf ihn einwirkt, ob sich der Raum, der uns umgibt, verkürzt oder verlängert zeigt. Und das gilt nicht nur für den Raum, sonder auch für die Zeit. Lorentz nimmt an, daß der Äther selbst auf Uhren wirkt. Er nimmt an, daß eine Uhr, die mit dem Ätherwind bewegt wird, schneller geht als eine Uhr, die sich gegen ihn bewegt. Das ist der Grund, warum es auch nicht möglich sein wird, den Effekt, den der Äther ausübt, direkt an der Zeit festzumachen. Wir meesen stets und überall die gleiche Zeit. Auch wenn es uns also gelänge, mit oder gegen den Äther bewegte Lichtstrahlen ohne Bezug auf eine räumliche Distanz zu messen, gelänge der Nachweis des Äthers nicht. Und wir erkennen, worauf die Überlegungen von Fitzgerald hinauslaufen, Egal. was wir auch anstellen mögen, egal welches Experiment wir ersinnen, einerlei ob wir räumliche oder zeitliche Parameter verwenden - messen werden wir die Wirkungen des Äthers nie.

Das ist ein seltsames Ergebnis. Da gibt es einen Äther, der auf höchst komplizierte Weise stets so wirkt, daß man diese Wirkungen nicht fassen kann. Das aber ist nicht alles. Ich glaube vielmehr, daß wir in diesem Konzept eines unfaßbaren Äthers minutiös beobachten können, wie eine selbstorgansierte Theorie entsteht. Der Äther, den es gleichzeitig gibt und nicht gibt, ist ihre Geburtsstunde. Es sei noch einmal an die Quantenmechanik erinnert. Wir haben gesagt, daß es Ähnlichkeit zwischen ihrem und dem Ausgangspunkt der Relativitätstheorie gegeben hat. Diese Ähnlichkeit bezog sich auf die Art und Weise, wie in beiden Theorien wichtige Gegenstände erscheinen. Sie erscheinen wellenförmig. Dabei ist uns bei der Beschäftigung mit der Quantenmechanik aufgefallen, daß diese wellenförmige Repräsentation von Objekteigenschaften zur Selbstorganisation der Theorie als Theorie geführt hat. Nun repräsentiert aber auch in der Relativitätstheorie die Wellenform des Lichts etwas, nämlich den Ätherwind.

Entscheidend ist nun, und das ist der Dreh- und Angelpunkt meiner Überlegung, daß damit der Äther in exakt die Position gerät, in der sich schon in der Quantenmechanik die mikrophysikalischen Objekte befanden. Eine für meine Annahmen so wichtige Äquivalanz sollte sich belagen lassen! Erinnern wir uns: Was geschah mit den mikrophysikalischen Objekten? Sie verflüchtigten sich. Aus real existierenden Gegenständen, die einen Ort einnehmen und eine Bewegung vollführen, wurden statistische Gegenstände. Mit anderen Worten, die mikrophysikalischen Objekte verloren einen Teil ihrer Realität. Genau dasselbe aber beobachten wir jetzt beim Äther, wie ihn uns Fitzgerald und Lorentz erklären: er wirkt und hebt seine Wirkungen auf. Es gibt ihn und es gibt ihn nicht.

Das aber ist nicht alles. Die Ähnlichkeit, die mich dazu gebracht hat, sowohl in der Quantenmechanik, als auch in der Relativitätstheorie eine selbstorganisierte Theorie zu sehen, führt noch weiter. Sie betrifft darüberhinaus die Art und Weise, in der diese zweimalige Objektverflüchtigung zustande kommt. Die Quantenmechanik hat sich zu diesem Zweck die *Eigenschaften* ihrer Gegenstände vorgenommen. Was bedeutet das für die Re:lativitätstheorie? Gewiß, auch sie hat ein Objekt. Dieses Objekt ist Äther. Doch welche Eigenschaften soll er haben? Wir wissen bis jetzt nur, daß er das Licht dazu bringt, sich wellenförmig zu bewegen. Ist also das Licht eine Eigenschaft des Äthers? Wohl kaum. Zu allem Überfluß können wir beim Äther auch keinen Ort ausmachen, den er einnimmt, und keine Geschwindigkeit, mit der er aus gestattet wäre. Er ist überall und nirgends. Das ist der Augenblick, an dem Einstein die Bühne betritt. Ihm ist es gelungen, ganz bestimmte Eigenschaften des Äthers ausfindig zu machen. Zu diesem Zweck bezieht sich Einstein auf die Spekulationen von Fitzgerald und Lorentz. Schließlich haben sie sich vorgestellt, daß der Äther den Raum und die Zeit verändern kann. Warum sollte man also nicht annehmen, daß diese Veränderungen das darstellen, was wir suchen? Wenn der Äther den Raum und die Zeit modifizieren kann, dann ist eben das seine Eigenschaft. Und weil wir jetzt auch in der Relativitätstheorie über die Eigenschaften von Objekten reden können, kehren wir zur Ähnlichkeit zwischen ihr und der Quantenmechanik zurück.

In der Quantenmechanik werden die Objekteigenschaften von der Wellenfunktion übernommen. In der Relativitätstheorie auch. Wie kann eine Theorie die Eigenschaften ihres Gegenstandes übernehmen? Eine mögliche Antwort auf diese Frage kennen wir schon. Sie kann sie repräsentieren und auf diese Weise aus der Theorie ableiten. Nun dürfta es schwierig sein, die Veränderungen des Raumes und der Zeit, die wir als hervorstechende Eigenschaften des Äthers angenommen haben, zu repräsentieren. Es gibt keine Zeitverschiebung und auch keine Raumveränderung, die wir uns in Anlehnung an die Quantenmechanik etwa wellenförmig denken können. Zum Glück gibt es noch andere Antworten. Eine davon hat Einstein gefunden. Seine Theorie übernimmt die Eigenschaften ihres Gegenstandes, indem sie sie umwegslos aus einem ihrer Bestandteile deduziert. Und daß es sich bei diesem Bestandteil ausgerechnet um jene Welle handelt, über die die Relativitätstheorie verfügt, spricht einmal mehr dafür, sie der Quantenmechanik anzunähern. Einstein streicht den Äther und leitet die Veränderungen des Raumes und der Zeit aus »seiner Wellenfunktion«, aus der Lichtbewegung ab. Damit hat seine Theorie, zumindest was ihren Anspruch angeht, die Eigenschaften ihres Gegenstandes übernommen. Damit hat sich die Größe, die vorher als bloße Erscheinung des Ätherwinds gedacht werden konnte, als abgeleitete, als hervorgerufene, als fremdbestimmte Größe, von ihren Ursachen frei gemacht. Indem die Lichtwelle nicht länger vom Äther, den sie durchläuft, abgeleitet werden kann, sondern die Merkmale dieses Äthers aus sich entläßt, hat sie sich autonomisiert. Sie hat sich aus der Relation herausgezogen, die sie definierte, sie ist nicht länger eine relationierte, sondern von nun an eine absolute Größe. Sie ist selbstbestimmt, sie ist selbstorganisiert.

Und einmal mehr zeigt sich, daß sich in Experimenten, die anders ausgehen als ihre Veranstalter das erhoffen, möglicherweise selbstorganisierte Theorien äußern. Schon im Versuch von Michelson und Morley, der keinen Äther aufspüren konnte, klingt in der Enttäuschung, die sie zeigen, jene Lichtwelle als unabhängige Größe an. Schließlich ist sie es, die den Äther endgültig abschaffen wird. Auch Fitzgerald und Lorentz sind ihr, ob sie es wollten oder nicht, gefolgt. Ihre Vorstellung von einem Äther, der seinen eigenen Nachweis unmöglich macht, bringt ihn an den Rand jener Nichtexistenz, der er bald darauf von Einstein überantwortet wird. Was bleibt, ist das Licht. Dieses Licht ist unabhängig. Dieses Licht ist absolut. Die Selbstorganisation des Lichts, das ist der Ausgangspunkt der Einsteinschen Relativitätstheorie. Sie ist der Grund, warum ich in dieser Theorie eine selbstorganisierte Theorie sehe. Sie ist der Einsatz, den Einstain gewagt hat. Er nimmt, statt des Äthers, das Licht, um die Versuchsergebnisse, die vor ihm liegen, zu erklären: Er streicht den Äther, um dadurch das Licht von allen äußeren Einflüssen zu befreien. Er denkt sich das Licht als unbezogene, als absolute, als selbstorganisierte Größe.

Das ist der Anfang. Vor Einstein liegt nun die Aufgabe, seine Behauptung, daß es das Licht ist, von dem die Änderungen des Raumes und der Zeit ausgahen, zu beweisen.

2. *Die Relativität des Raumes und der Zeit*

Damit Einstein die Veränderung des Raumes und der Zeit, die vor ihm dem Äther zugeschrieben wurden, aus dem Licht ableiten kann, hat er sich etwas ausgedacht, was sich auf die Geschwindigkeit des Lichts bezieht, und das in ausgezeichneter Weise zu meiner Annahme paßt, daß es sich beim Licht, so wie es in der Relativitätstheorie auftaucht, um eine salbstorganisierte Größe handelt. Die Geschwindigkeit des Lichts soll absolut sein. Das heißt nicht nur, daß es nichts geben soll, das sie hemmen oder beschleunigen kann. Das heißt, daß es für das Licht nicht einmal ein Bezugssystem gibt. Egal, ob wir uns einer Lichtquelle nähern oder uns von ihr entfernen, die Geschwindigkeit, die das Licht aufweist, das von ihr ausgeht, ist stets dieselbe. Das ist die Art und Weise, in der Einstein seine Behauptung, daß das Licht eine absolute Größe sein soll, wahr macht, und wie er es von allen Einflüssen und Fremdbestimmungen befreit, indem er, mit anderen Worten, seiner Selbstorganisation folgt. Sehen wir uns an, wohin das führt.

Ich beginne mit Einsteins Behauptung, daß es die Bewegung des Lichts sei, die den Raum und die Zeit verändert. Diese Behauptung ist stark. Sie widerspricht in eklatanter Weise dem, was wir den gesunden Menschenverstand nennen. Wie so manche der quantenphysikalischen Regeln ist sie deshalb kontra-intuitiv. Trotzdem ist es möglich, sie in recht anschaulicher Weise darzustellen. Damit verschwinden allerdings die verwirrenden Konsequenzen, die Ein-

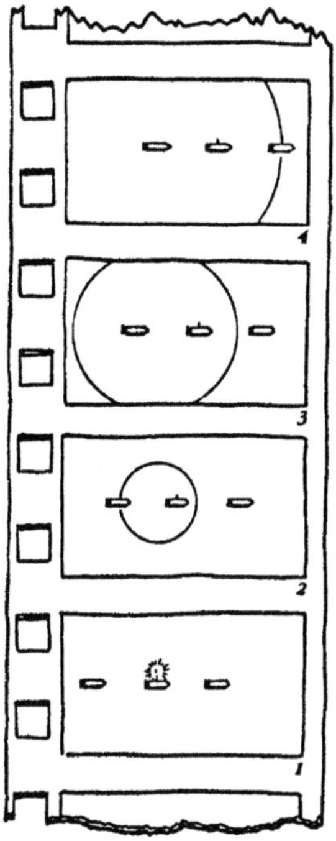

Ist die Raumflotte bewegt, so konstatiert der Beobachter, daß das Signal das hintere Raumschiff früher erreicht als das vordere. Wenn wir ein Gedankenexperiment anstellen, bei dem das Flaggschiff gleichzeitig auf das vordere und das hintere Raumschiff eine Kugel abschießt und bei dem die Gesetze der alten Physik gelten, dann stellen sowohl der Beobachter als auch die Mannschaften der Schiffe fest, daß die Kugeln die beiden Raumschiffe zur selben Zeit treffen, selbst wenn sich die Schiffe relativ zum Beobachter in Bewegung befinden. Die auf das vordere Schiff gezielte Kugel muß zwar einen weiteren Weg zurücklegen, ihre Geschwindigkeit setzt sich jedoch zusammen aus der eigenen Mündungsgeschwindigkeit und der Reisegeschwindigkeit des Flaggschiffs, während die Geschwindigkeit der rückwärts abgefeuerten Kugel gleich der Mündungsgeschwindigkeit minus der Geschwindigkeit des Flaggschiffs ist. Nach den Gesetzen der neuen Physik wird jedoch die Geschwindigkeit des Lichts im Gegensatz zu der der Kugeln von der Geschwindigkeit seiner Quelle nicht beeinflußt.

steins Behauptung hat, keineswegs. Sie werden jedoch klarer. Schließlich möchte ich zeigen, daß es sich bei ihnen um Konsequenzen handelt, die selbstorganisierte Theorien nach sich ziehen.

Denken wir uns drei Raumschiffe. Sie schweben weit draußen im leeren, nicht mit Äther anfüllten Raum. Das mittlere dieser Schiffe ist eine Art Kommandozentrale. Mit Lichtgeschwindigkeit schickt es Befehle an seine Begleiter. Diese Begleiter befinden sich zum Zwecke der Befehlsannahme einmal vor bzw. hinter ihm. Denken wir uns nun den Schwebezustand der Schiffe aufgehoben. Mit gleicher Geschwindigkeit durcheilen sie den Raum. Betrachten wir das Kommandoschiff näher. Dort wird eine Botschaft vorbereitet. Diese Botschaft soll ein Lichtsignal sein, das gleichzeitig die beiden anderen Schiffe erreicht. Weil wir uns die drei Schiffe wie auf einer Perlenschnur aufgereiht denken, heißt das, daß die Botschaft einmal in und einmal gegen die Fahrtrichtung des mittleren Schiffes ausgestrahlt werden muß. Soweit ist alles klar. Fehlt uns nur noch der Inhalt der Botschaft. Hier ist er: Jedes Schiff, das den Lichtblitz

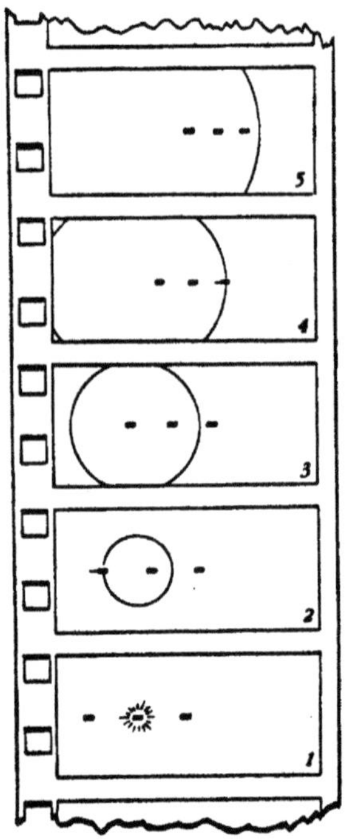

Der Abstand zwischen den Raumschiffen schrumpft für den unbewegten Beobachter zusammen, wie man an dieser Filmsequenz ablesen kann, da der Befehl zur Beschleunigung das hintere Schiff vor dem vorderen erreicht.

empfängt, soll sofort und ohne zu zögern sein Tempo beschleunigen. Auf diese Weise haben wir schon alle Bestandtaile unseres ersten Gedankenexperiments beisammen: drei Schiffe, einen Befehl und den an sonsten leeren Raum. Strahlen wir jetzt das Lichtsignal aus. In dieser Sekunde verlassen je zwei Lichtblitze das mittlere Schiff. Was geschieht? Nun, das hängt ganz davon ab, welchen Standpunkt wir einnehmen.

Begeben wir uns noch weiter hinaus in den Raum! Von nun an gehören wir nicht mehr zum System der drei Schiffe. Wir sehen nur, daß vom mittleren Schiff ein Lichtblitz ausgeht und zu den beiden anderen Schiffen eilt. Doch diese Beschreibung stimmt nicht ganz. Sie ist ungenau. Es ist nicht so, daß sich das Lichtsignal in beide Richtungen gleichförmig bewegt. Die Schiffe, zu denen es will, bewegen sich ja ebenfalls! Also wäre es richtiger zu sagen, daß das Lichtsignal dem einen Schiff entgegen, dem anderen aber hinterherläuft. Wobei diese genauere Beschrmbung impliziert, daß es das eine Schiff vor dem anderen erreicht. Das heißt, daß das hintere Schiff, jenes, das sich sozusagen im Kielwasser des Kommandoschiffs befindet, zuerst den Befehl zur Beschleunigung erhält. Es erhält ihn und führt ihn aus. Das ist nicht geheimnisvoll, denn das sehen wir jetzt: das links vom Kommandoschiff fliegende Schiff rückt auf. Und weil wir an nehmen, daß auch das signalgebende Schiff dem Befehl folgt, den es an seine benachbarten Schiffe weitergibt, folgern wir, daß dieses Schiff gleichfalls sein Tempo beschleunigt und aufrückt. Zwei Schiffe erhalten den Befehl und rücken auf. Und das dritte Schiff? Dieses dritte Schiff bewegt sich als einziges von der Botschaft fort, oder anders gesagt, dem dritten Schiff jagt der Lichtblitz hinterher. Deshalb erreicht er seinen Empfänger später. Auch das ist nicht geheimnisvoll, denn wir sehen es: das erste Schiff der Formation beschleunigt nun. Doch inzwischen haben die beiden anderen Schiffe ihr Tempo beschleunigt und Raum zurückgelegt. Das aber bedeutet, daß sich der Abstand zwischen den Schiffen ebenfalls verändert hat. Er ist kleiner geworden. Weil das hintere Schiff und das mittlere Schiff den Beschleunigungsbefehl *vor* dem vorderen Schiff erhalten haben, hat sich der Raum zwischen allen drei Schiffen verkleinert. Wir können es sehen. Sehen es die Besatzungsmitglieder auch? Mit dieser Frage wechseln wir die Bezugssysteme. Um sie zu beantworten müssen wir unseren Standpunkt weit draußen am All verlassen und uns an Bord eines der Schiffe begeben. Wenn wir daran denken, daß das Signal, das vom mittleren Schiff ausgeht, ein *Licht*signal ist, erleben wir nach diesem Platztausch eine Überraschung. Ald Passagiere der jeweiligen Schiffe könne wir nicht länger feststellen, daß das eine Schiff den Befel vor dem anderen erhält.

Das hört sich kurios an, ist aber nur eine naheliegende Konsequenz der von Einstein behaupteten absoluten Bewegung des Lichts. Sie lautete folgendermaßen: Egal ob wir uns auf eine Lichtquelle zu- oder von ihr fortbewegen, das von ihr ausgehends Licht erreicht uns stets in derselben Zeit. Wenn wir diese Behauptung Einsteins auf unser Lichtsignal beziehen, bewirkt sie, daß sich die Sichtweisen der Passagiere nicht länger mit der der weit draußen im All angenommenen Beobachter deckt. Sie bewirkt, daß die Distanzverschiebung zwischen den Raumschiffen in einern System gesehen und im anderen nicht wahrgenommen wird. Sie bewirkt, daß der Abstand zwischen den Raumschiffen in beiden Systemen verschieden, daß er, mit einem Wort, *relativ* ist. Und weil sich im Abstand der Schiffe der *Raum* zwischen ihnen Geltung verschafft, heißt das, daß dieser Raum selber relativ geworden ist.

Was ber hat ihn zu einem relativen gemacht? Was hat bewirkt, daß die Sichtweise in den zwei beschriebenen Systemen unterschiedlich ist? Die Antwort ist einfach und führt auf Einsteins Ansatz zurück: Es war die Lichtbewegung. Weil sie konstant ist, weil sie absolut ist, gibt es *zwei* unterschiedliche Beschreibungen *eines* Raumes. Weil sie konstant und absolut ist, ist der Raum relativ.

Wir erkennen, daß Einstein mit seiner Annahme einer absoluten Bewegung des Lichts, mit seiner »Wellenfunktion« ebenfalls eine Veränderung der Welt, die uns umgibt, gelungen ist. Das ist das wohl entscheidende Argument, warum seine Wellenfunktion mit der quantenmechanischen vergleichbar ist: aus beiden ergibt sich eine Modifikation der Objekte, denen sie gelten. Bezogen auf den Raum äußert sich die Modifikation, die von der Relativitätstheorie ausgeht, darin, daß er eines seiner klassischen Attribute verliert, die Invarianz. Hat man vor Einstein angenommen, daß der Raum eine unabhängige Größe ist, wird er nun veränderlich beschrieben. Damit entfert sich auch die Welt, die sich aus Einsteins Annahmen ergibt, von der, die wir gewohnt sind. Sicher, in Einsteins Welt gibt es keine statistischen Objekte, in ihr bleiben die angenommenen Körper konkret, in ihr haban sie weiter Lage und Bewegung, Ort und Impuls. Was sich aber ändert, das ist der Rahmen, in dem sie uns begegen. Haben wir ihn uns bisher fest und unerschütterlich, sozusagen als invariablen »Hintergrund« gedacht, auf diese Körper erscheinen, erweist er sich von nun an selber bewegt. Auch der Raum kann sich dehnen, auch der Raum kann kleiner werden. Das ist die Modifikation, die sich aus Einsteins Relativitätstheorie ergibt. Und weil sie aus der von ihm erfundenen Größe folgt, aus der Größe, die unbezogen und absolut, die nur auf sich selbst bezogen im Mittelpunkt der Theorie steht, ist diese modifizierte Welt nach der statistischen Welt der Quantenmechanik eine weitere Wirklichkeit, die sich aus ainer selbstorganisierten Theorie ergibt.

Jene Welt, in der der Raum in der von mir beschriebenen Weise relativ wird, ist eine Welt, die sich von unserer Welt unterscheidet. Dieser Unterschied ist die Zutat, die sich aus der Theorie Einsteins ergibt. Mit ihr verschiebt er seine eigene von unserer Realität, mit ihr löst er die Welt, die aus seiner Theorie folgt, von der unsrigen. Er macht sie, kurz gesagt, frei. Oder, noch anders ausgedrückt, mit dieser Verschiebung, die unseren invarianten Raum zu einer relativen Größe macht, organisiert sich seine neue Welt, organisiert sich die Welt der Relativitätstheorie selbst.

Allerdings steht diese Welt bis jetzt nur auf einem Bein. Dieses Bein ist der Raum. Was fehlt, ist das zweite Standbein: die Modifikation der Zeit. Erst wenn Einstein auch das zu zeigen gelingt, wird er sein Versprechen eingelöst haben. Dieses Versprechen besagte, daß er keinen Äther braucht, daß er eine andere Größe erdacht hat, die jene Veränderungen bewerkstelligen kann, die man vorher dem Äther zugeschrieben hatte.

Fragen wir uns also nun, warum in der Annahme einer absoluten Bewegung des Lichts nach der Relativität des Raumes auch die Relativität der Zeit begründet ist. Wie wird die Zeit gemessen? Mit einer Uhr. Denken wir uns also eine Uhr. Diese Uhr soll eine ganz besondere Uhr sein. Damit sie mit dem, was uns in der Relativitätstheorie beschäftigt, zusammenpaßt, stellen wir sie uns als Lichtuhr vor. Eine Lichtuhr ähnelt ein wenig dem Versuchsaufbau, mit dem Michelson und Morley den Ätherwind nachweisen wollten. Allerdings gibt es einen grundlegenden Unterschied: Die Lichtuhr soll nicht die Existenz des Äthers, sie soll die Wirkungen jener neuen Größe beweisen, die an seine Stelle getreten ist. Damit eine Lichtuhr das kann, hat sie zwei Spiegel. Zwischen diesen Spiegeln läuft ein Lichtstrahl auf und ab. Denken wir uns diese Lichtuhr in Ruhe. Jetzt kann jeder Spiegelblitz eine Art Sekundenschlag sein. Da die Entfernung der Spiegel stets dieselbe ist und sich auch das Licht gleichförmig zwischen ihnen bewegt, gibt es einen feststehenden Rhythmus, der dem Tick-Tack unserer mechanischen Uhren gleicht. Jedes Tick entspricht dem Aufblitzen des oberen Spiegels, sobald ihn der umlaufende Lichtstrahl erreicht. Jedes Tack entspricht dem Augenblick, da er auf den unteren Spiegel zurückgeworfen wird. Das ist unsere Uhr. Reglelmäßig blitzen ihre Spiegelchen auf. Wenn man dieses Aufblitzen zählt, erhält man ein Maß für die Zeit, die vergeht.

Wir verändern die Versuchsanordnung. Dabei lassen wir die Lichtuhr wie sie ist. Was wir verändern, ist nur ihre Ruhelage. Wir denken uns die Lichtuhr bewegt. Die Lichtuhr bewegt sich nun an uns vorbei. Der Lichtstrahl läuft weiter zwischen den Spiegeln einher, erreicht bald den oberen, dann den unteren Spiegel. Weiter blitzen diese Spiegel auf, sobald sie vom Lichtstrahl getroffen, von seiner Helligkeit berührt worden sind. Doch dann ändert sich etwas. Der Rhythmus, mit dem die Spiegel den Fluß der Zeit meßbar machen, ist modifiziert. Es ist, als ob das gleichmäßige Tick-Tack, das die Blitzfolge versinnbildlicht hat, zum langgezogenen Tiiick-Taaaack eines vorbeirasenden Tones verzerrt worden wäre. Anders gesagt, der Rhythmus, mit dem das Licht seine Umkehrpunkte markiert, ist langsamer geworden. Wie kommt es, daß eine bewegte, bezogen auf eine ruhende Lichtuhr nachgeht? Oie Antwort hat etwas mit dem Weg zu tun, den der Lichtstrahl benötigt. Dieser Weg ist nämlich verschieden. Bei bewegten Lichtuhren ist er länger als bei ruhenden. Daraus folgt, daß ein Lichtstrahl in bewegten Uhren länger braucht, um von Spiegel zu Spiegel zu gelangen, und deshalb die Zeit für solche Uhren langsamer verstreicht. Das ist so, weil in bewegtan Uhren der Weg zwischen den Spiegeln nicht senkrecht, nicht deckungsgleich, nicht in einem nahezu linienförmigen Auf und Ab erfolgt. Vielmehr erfolgt er V-förmig. Weil sich die Lichtuhr, während sich der Lichtstrahl auf seinem Weg zwischen den Spiegeln befindet, im Raum bewegt, kann der Lichtstrahl nicht gerade, sondern muß er schräg verlaufen. Nun weiß aber jedes Kind, daß schräge stets länger als gerade Wege sind. Woraus folgt, daß der Lichtstrahl, da er in einer bewegten Lichtuhr diesen längeren Weg nimmt, länger braucht, um von Spiegel zu Spiegel zu reisen, daß der Rhythmus, in dem diese Spiegel aufblitzen, also verzögert ist, daß die bewegte Lichtuhr langsamer als die ruhende läuft.

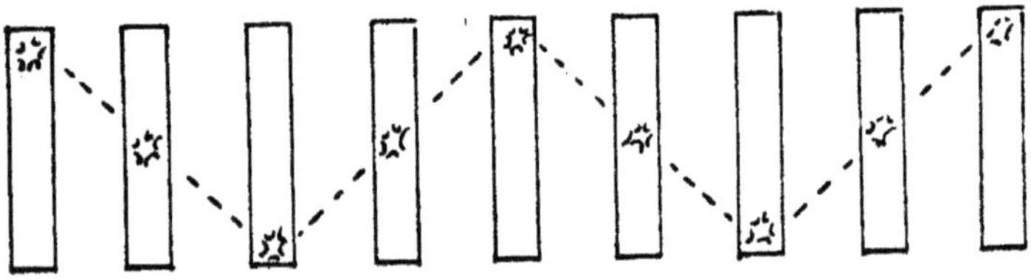

Bewegte Lichtuhr. In jeder Uhr muß eine Verlangsamung der Schwingungen beobachtet werden, wenn die Uhr selbst eine Beschleunigung erfährt, und die Schwingungen hören gänzlich auf, wenn sich die Uhr mit Lichtgeschwindigkeit bewegt, ohne daß die Schwingungen aufhörten, dann würde sich das schwingende Objekt im Raum insgesamt schneller als mit Lichtgeschwindigkeit bewegen.

Statt daraus auf die Relativität der Zeit zu schließen, könnte man die Lichtuhr zu einem Uhrmacher bringen. Doch daß auch dem keine Synchronisation der beiden Uhrensysteme gelingen wird, zeigt eine einfache Überlegung, die unmittelbar zu Einsteins Grundannahme zurückführt. Weil die Bewegung des Lichts absolut ist, kann es keine Synchronizität zwischen ruhenden und bewegten Uhren geben. Denn das würde bedeuten, daß es unterschiedliche Geschwindigkeiten des Lichts gäbe. Ganz klar wird das im Grenzbereich. Stellen wir uns vor, die bewegte Lichtuhr sei bis auf Lichtgeschwindigkeit beschleunigt. Was geschähe, wenn sie weiter läuft, wenn sie nicht stehen bliebe? Dann gäbe es eine Uhr, in der sich das Licht schneller als mit Lichtgeschwindigkeit bewegt! Dann gäbe es keine absolute Lichtgeschwindigkeit mehr! Daraus aber folgt im Umkehrschluß, daß es die von Einstein angenommene *absolute* Bewegung des Lichts ist, aus der die Unterschiede zwischen ruhenden und bewegten Uhren folgen, daß es die absolute Lichtgeschwindigkeit ist, welche die Relativität der Zeit erzeugt.

Wenn die Lichtgeschwindigkeit absolut ist, muß eine bewegte Lichtuhr langsamer als eine ruhende Lichtuhr gehen. Damit aber ist es um die Invarianz der Zeit geschehen. Soweit zum zweiten Standbein. Wodurch unterscheidet sie sich von unserer Welt? In ihr ist vieles ungewiß, überraschend anders. Beispielsweise ist es in Einsteins Welt durchaus möglich, daß kompakte und gedehnte Räume dort auftauchen, wo wir nur den einen, gleichförmig gebildeten Raum gewohnt sind. Auch kann es vielfältige Zeitabläufe geben. Sie ersetzen unsere stetig vorfließende Zeit. In Einsteins Welt, so kann man diese kurze Beschreibung ihrer Besonderheiten vielleicht zusammenfassen, gibt es ein Übergewicht lokaler Ereignisse. Sie haben die universellen Strukturen unserer Wirklichkeit verdrängt.

Natürlich liegt es deshalb nahe anzunehmen, daß diese relativistische Welt chaotisch ist. Wie von Zeit- und Raumschwellen durchzogen, muß sie ein buntes Patchwork stets wechselnder Gegebenheiten sein. Hier vergeht die Zeit gemächlich, dort ist der Raum gestaucht, hier wieder entzerrt, dort verfliegt die Zeit und hier kriecht sie dahin. Doch Einstein hat dafür gesorgt, daß das nicht so ist. Obwohl er an den scheinbar universellen Größen des Raumes und der Zeit in geradezu atemberaubender Weise manipuliert hat, bleiben auch in der dadurch entstandenen Wirklichkeit die Gesetze der Physik allgemein gültig. Um das zu erreichen, hat sich Einstein einen Trick ausgedacht. Und natürlich hängt auch dieser Trick von seiner zentralen Annahme einer absoluten Lichtgeschwindigkeit ab. Die konstante Lichtgeschwindigkeit bewirkt nämlich, daß es zwar durchaus verschiedene, eben relative Auffassungen des Raumes und der Zeit geben kann, sie sorgt aber im gleichen Zug dafür, daß es keiner merkt.

Wenn wir uns zum Beispiel an die drei Raumschiffe erinnern, die gleichförmig bewegt, ihre Befehle und Anweisungen gesendet und empfangen haben, wird ein Unterschied bemerkbar. Dieser Unterschied bezieht sich auf den Standpunkt, von dem aus sie betrachtet werden. Man kann die Raumschiffe als Passagier, also von innen, oder als ferner Beobachter, also von außen, betrachten. Aus dieser unterschiedlichen Betrachtungsweise hat sich die Relativität des Raumes ergeben. Weil die Passagiere ihre eigene Bewegung nicht aus der Lichtgeschwindigkeit, mit der sie ihre Signale tauschen, ablesen konnten, ist für sie der Raum homogen geblieben. Das ist der Grund, warum in den Raumschiffen die Gesetze der Physik ganz so, wie wir sie kennen, erhalten bleiben. Und das, obwohl der weit draußen im All schwebende Betrachter seinerseits *sieht*, wie sich der Raum zwischen den Schiffen verkürzt. Er sieht das, weil *er* die Bewegung wahrnimmt, die hinter der Verkürzung steckt. Diese Bewegung aber nehmen die Passagiere in den Raumschiffen nicht wahr. Und weil sie nur aus ihr die Verkürzung des Raumes ableiten könnten, bleibt für sie diese Verkürzung aus.

Jetzt verstehen wir, warum dieser Unterschied in der Betrachtungsweise die Relativität von Einsteins Welt ausmacht, ohne diese Welt zugleich in ein Chaos zu stürzen. Für die Passagiere bewegt sich nämlich auch etwas: Der ferne Beobachter. Für die Passagiere verkürzt sich deshalb der Raum, den dieser bewohnt. Für die Passagiere verändern sich nicht *ihre*, sondern *seine* physikalischen Gesetze. Das aber kann nun wieder der Beobachter nicht ausmachen. Und so kommt es, daß beide Systeme, das System der drei Schiffe und das System des Beobachters, jeweils *für sich* einen homogenen Raum messen. Das ist das Geheimnis, warum auch in relativistischen Systemen die Allgemeingültigkeit der physikalischen Gesetze, warum trotz der Relativität von Raum und Zeit die universelle Gültigkeit des einen Raumes und der einen Zeit erhalten bleibt.

Nicht anders verhält es sich in unserem Beispiel von der Lichtuhr. Auch hier können wir uns einen Passagier ausdenken. Er ist klein und hat auf einem Lichtstrahl Platz. Egal, was er anstellen mag, da er in der Uhr steckt und sie nicht von außen sehen kann, wird es ihm unmöglich sein, das eigene Tempo zu messen. Ob die Lichtuhr durchs All rast oder tief in der Erde ruht, stets wird der Lichtstrahl in der Uhr dieselbe Geschwindigkeit aufweisen. Daß es nicht so ist, daß bei bewegtar Lichtuhr der Lichtstrahl länger brauchen muß, weil er ja konstant dasselbe Tempo hält, sehen nur wir, die wir nicht in ihrstecken. Und natürlich bedeutet die unterschiedliche Betrachtungsweise auch in diesem Fall, daß sich dadurch unsere Welt in lauter Einzelwelten spaltet, die von unterschiedlichen Zeitflüssen durchzogen sind. Überall und in jeder »Einzelwelt« herrscht eine Zeit. Denn auch der vorgestellte Uhrbewohner wird, wenn es in seiner Lichtuhr so etwas wie ein Fenster gibt, uns, die wir ihn sorgfältig von außen beobachten, an sich vorbeifliegen sehen. *Für ihn* sind eben wir es, deren Uhren nachgehen, für ihn ist der Rhythmus unserer Lichtuhren verlangsamt. So kommt dazu, daß sich im Austausch dieser beiden, wie man so schön sagt, relativen Ansichten auch im Beipiel der Lichtuhr die eine, die universelle Zeit ergibt.

Das mag vorerst genügen, um die Wirklichkeit, so wie sie sich aus Einsteins Relativitätstheorie ergibt, in ihren Grundzügen zu skizzieren. Das mag aber auch genügen, um uns einen weiteren Hinweis darauf zu geben, daß es sich bei dieser Theorie um eine selbstorganisierte Theorie handelt. Was ist das für eine Welt, die wir soeben kennengelernt haben? Sicherlich die Welt, die aus Einsteins Grundannahme folgt, aus seiner Relativitätstheorie. Was können wir sonst noch über sie sagen? Daß es in ihr auf Standpunkte ankommt. Wir können sagen, daß der jeweilige Standpunkt, den ein Beobachter einem Objekt gegenüber einnimmt, darüber entscheidet, wie er es sieht. Das aber ist nicht alles. Hinzu kommt, und das ist entscheidend, daß diese Standpunkte jeweils umgekehrt werden können. Daß es, wenn man so sagen kann, keinen »ausgezeichneten« Standpunkt gibt. Jeder Standpunkt ist relativ. Wir haben gesehen, daß diese Art von Relativität direkt aus der von Einstein angenommenen absoluten Lichtgeschwindigkeit folgt, also aus der Größe, die für uns zum Dreh- und Angelpunkt seiner Theorie als einer selbstorganisierten Theorie geworden ist.

Das sollte Folgen haben. Was bedeutet denn die Relativität der Standpunkte für die Wirklichkeit, von der sie handeln? Wohl doch, daß sie unscharf wird. Die Wirklichkeit, die daraus folgt, daß es keinen ausgezeichneten Gesichtspunkt gibt, der über ihren Gehalt entscheidet, ist eine Wirklichkeit, die uns einmal so, dann wieder anders erscheint. Diese Unschärfe ist ein weiteres Indiz dafür, daß wir es hier mit Folgen einer selbstorganisierten Theorie zu tun haben.

Und es gibt noch ein Indiz! Um es aufzuspüren, denken wir daran, daß sich diese Unschärfe nicht reduzieren läßt, daß sie elementar ist. Die Tatsache, daß die verwirrenden Relativierungen des Raumes und der Zeit, die ich beschrieben habe, oft »scheinbar« genannt werden, bedeutet nämlich keineswegs, daß es doch einen »wahren«

Raum oder eine »wahre« Zeit gibt. Außerhalb des Verhältnisses, das Objekt und Beobachter verbindet, haben Raum und Zeit keinen Inhalt. Es gibt, worauf schon Gardner hingewiesen hat, keine optischen Täuschungen, die man bereinigen kann. Was ein Beobachter wahrnimmt, ist wahr. Und wir müssen hinzufügen: für diesen Beobachter und relativ zu seinem Bezugssystem. Jenseits dieser Bezugssysteme aber gibt es nichts, über das wir reden könnten, gibt es nichts, das den Namen »Wirklichkeit« verdient. Und es ist, als hallte in diesen Zeilen ein Echo wider. Ein Echo auf jene andere selbstorganisierte Theorie, die die Unschärfe ihrer Gegenstände schon einmal an die beobachtererzeugte Wirklichkeit dieser Gegenstände band: Bohrs Quantenmechanik. Deshalb können wir zusammenfassend sagen, daß die Unschärfe und die Art, wie sie über Beobachter erzeugt wird, die beiden Belege sind, die Einsteins relative Welt als Formulierung seiner selbstorganisierten Theorieform zeigen.

Wir sind dabei, selbstorganisierte Theorien zu vergleichen. Es ist uns gelungen, Material für diesen Vergleich zu beschaffen. Da gibt es eine Art Zentrum, von dem die Selbstorganisatidn ausstrahlt. Dieses Zentrum haben wir recht genau kennengelernt. Es sind die beiden Wellenfunktionen. Oder genauer gesagt, die konstante Bewegung der Lichtwelle und die wellenförmige Repräsentation von Objekteigenschaften. Wir haben uns in dieses Zentrum gestellt und die Wirkungen betrachtet, die es hervorruft. Dabei geschieht es, daß wir uns in eine Art Verwerfung begeben, die alles, was sie umgibt, verändert und verschiebt. Diese Verschiebungen haben wir untersucht. Stets gehen sie von dem aus, was ist, um es zu modifizieren. Ob es nun Gegenstände und ihre Eigenschaften oder die Anschauungen des Raumes und der Zeit sind -, die selbstorganisierten Theorien, die wir uns angeschaut haben, manipulieren daran. Dabei entsteht ein Abstand zwischen der Ausgangslage und dem Ergebnis. Die selbstorganisierten Theorien stecken in diesem Abstand. Über ihn und seine verändernde Wirkung stellen sie sich und ihre Gegenstände her. Ein solcher Abstand betrifft zum Beipiel das Verhältnis zwischen einer konstanten und einer relativen Raumzeit. Ein anderer Abstand wird zwischen konkreten und statistischen Gegenstandskonzepten faßbar. Das hört sich sehr unterschiedlich an, so als beträfen die Abstände, in denen sich selbstorganisierte Theorien bilden, Welten, die sich kaum berühren. Das ist richtig. Schließlich verhandelt Einsteins Relativitätstheorie mehr oder weniger makrokosmische Erscheinungen, die Quantenmechanik den mikrophysikalischen Raum. Also gibt es Unterschiede. Es gibt aber auch Gemeinsamkeiten. Obwohl die beiden uns bekannten selbstorganisierten Theorien ihre Gegenstände in ganz eigenständiger Weise verschieben und ändern, gibt es einen verbindenden Zug. Dieser Zug bezieht sich auf die Wirkung, die diese Theorien hinterlassen. Ich habe schon gesagt, daß sie ihre Objekte verändern. Und ich habe auch gesagt, daß keine dieser Veränderungen einer anderen vergleichbar ist. Was hingegen vergleichbar ist, das ist der Effekt dieser Veränderungen, Die Veränderungen, die unsere beiden selbstorganisierten Theorien ihren Gegenständen auferlegen, machen diese Gegenstände unscharf. Diese Unschärfe, das ist der verbindende Zug, von dem ich sprach. Diese Unschärfe, das ist eine Art »Geschmack«, der die stets variierenden Veränderungen, die selbstorganisierte Theorien an ihren Objekten hervorrufen, miteinander vergleichbar macht. Mag die eine selbstorganisierte Theorie Objekteigenschaften entkonkretisieren und konkrete in statistische Bestimmungen verwandeln, mag die andere Raum und Zeit, jene universellen Kategorien, in lokale Erscheinungen verwandeln, das alles ist ganz und gar unvergleichbar. Das alles ist unvergleichbar und äußert sich doch in einern gemeinsamen Effekt, der die statistischen Objekte der Quantenmechanik mit der lokalen Raumzeit der Relativitätstheorie verbindet. Beide sind unscharf. Was unscharf ist, ist verschieden. Daß es unscharf ist, ist gleich. Im Begriff von der Unschärfe werden die Wirkungen selbst organisierter Theorien kompatibel. Das soll nicht heißen, daß sie deshalb alle gleich sind. Das soll aber heißen, daß man sie an der Unschärfe von Objektkonstitutionen erkennen kann. Oas möchte ich an einem Beispiel, das der Relativitätstheorie entnommen ist, weiter verdeutlichen. In ihm wird offenbar, daß die Unschärfe in der angedeutaten Weise als Parameter taugt, um selbstorganisierte Theorien zu vergleichen.

Wie wird Unschärfe, wo und mit welchen Mitteln erzeugt? Das sind die Fragen, die den jeweils eigenen Funktionsweisen selbstorganisierter Theorien gelten. Wir verlassen jetzt unseren fiktiven Beispiele. Keine Lichtuhr mehr und auch kein weiteres Manöver im All. Statt dessen besteigen wir einen heliumgefüllten Ballon, lichten den Anker und steigen auf. Wir lassen uns treiben, immer höher hinauf. Zu unserer Ausrüstung gehört ein Detektor. Dieser Detektor spricht auf ganz bestimmte Teilchen an. Nein, wir sprechen nicht von quantenphysikalischen Systemen, wir bleiben weiter in Einsteins relativer Welt. Welche Teilchen wollen wir messen? Wir messen Myonen. Myonen sind Teilchen, die beim Eintritt bestimmter Partikel in die Erdatmosphäre entstehen. Aus Berechnungen und mancherlei Experimenten ist ihre durchschnittliche Lebensdauer bekannt. Sie ist, wie so oft bei Teilchen, kurz. Das ist aber nicht alles, was wir über Myonen wissen. Wir wissen auch, wo sie entstehen oder, genauer gesagt, wir wissen, wie hoch wir mit unserem Ballon aufsteigen müssen, damit wir sie treffen. Da wir noch Zeit haben, richten wir in aller Ruhe unseren Detektor aus. Wir aktivieren seine Energiequelle und stellen ihn an. Und dann geschieht etwas Unerwartetes. Obwohl wir noch längst nicht die Höhe erreicht haben, in der uns Myonen begegnen können, spricht der Detektor an. Wir sind überrascht und rechnen nach. Nein, hier stimmt etwas nicht.

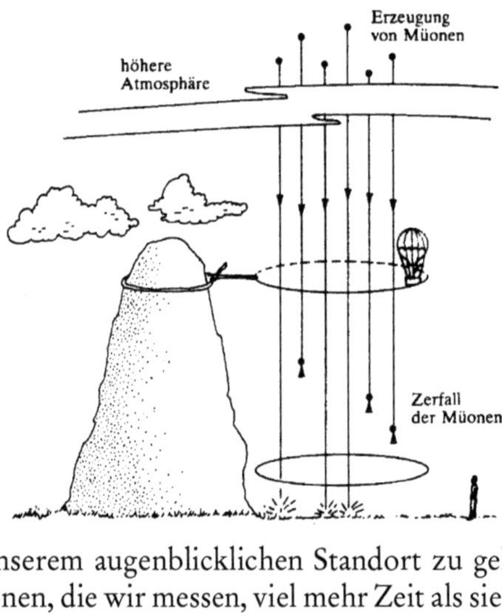

Um bis zu unserem augenblicklichen Standort zu gelangen, brauchen die Myonen, die wir messen, viel mehr Zeit als sie haben. Wenn es stimmt, und es stimmt, daß sie in einer gewissen Höhe entstehen und eine festumrissene Lebensdauer besitzen, können sie unmöglich da noch existieren, wo wir sie messen. Wie das? Wieso leben die Myonen noch? Warum sind sie nicht längst verstrahlt? Wir wenden jetzt die Ralativitätstheorie an. Als erstes berücksichtigen wir, daß die von uns beobachteten Myonen kein statisches System bilden. Sie bewegen sich. Ja, mehr noch: sie rasen. Die Myonen befinden sich, seit sie entstanden sind, in einer Art Rücksturz zur Erde. Also müssen wir sie als schnell bewegtes System auffassen. Nun wissen wir aber, daß in bewegten Systemen die Zeit langsamer vergeht. Die Relativitätstheorie hat uns gezeigt, daß Uhren, sobald wir sie bewegen, nachgehen. Das wäre eine mögliche Erklärung für unsere Messungen! Schließlich hindert uns nichts daran, die Lebensdauer der Myonen mit einer ablaufenden Uhr zu vergleichen. Die Zeit, die sie haben, um zu uns und unserem Ballon vorzustoßen, ist gedehnt, weil sich die Myonen relativ zu uns und unserem Detektor bewegen! Anders gesagt, die Myonen leben, wenn wir sie auf uns und unser statisches Systern beziehen, länger. Das macht die Tatsache, daß der Detektor, den wir mitführen, vielzu schnell anspricht, verständlich.

So führen die Annahmen der Relativitätstheorie dazu, daß wir das Phänomen langlebiger Myonen besser begreifen. Die Ergebnisse, die aus relativistischen Messungen folgen, passen erstaunlich gut zu der festgestellten, zu der überschrittenen Lebensdauer dieser Teilchen. Der Myonenzerfall verlangsamt sich bei bewegten Myonen. So lautet die Erklärung, die uns Einstein gibt. Was hat das mit der Unschärfe zu tun? Um das zu verstehen, wechseln wir den Standpunkt und das Bezugssystem. Verlassen wir also den Ballon und den Detektor. Da schweben sie weiter, hoch oben, leer, nutzlos und ohne Funktion. Wir begeben uns auf die andere Seite. Von nun an machen wir gemeinsame Sache mit den auf die Erde einstürzenden Myonen. Um das zu erreichen, versetzen wir uns zuerst einmal relativ zu ihnen in Ruhelage. Das bedeutet, daß wir ein Teil ihres Systems werden. Und zwar, das ist ganz wichtig, ihres nicht länger bewegten Systems. Dies vollbracht, bewegt sich nämlich etwas ganz anderes. Mit den Myonen erleben wir nun eine wie rasend auf sie bzw. auf uns zuschießende Erde. Und diese Erde hat sich verändert. Das ist nicht mehr jener blaue Ball, der von weißen Wolken betupft im All schwebt. Das ist jetzt eine nahezuu flachgepreßte Scheibe, die von einer hauchdünnen Luftschicht umgeben ist.

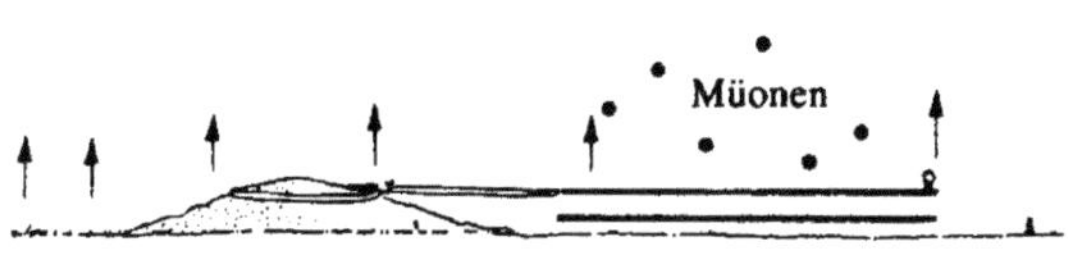

Das Myonenexperiment im bewegten Bezugssystem der Teilchen. Relativ zu den Myonen bewegt sich der Berg so schnell, daß er in ihrem Bezugssystem gegenüber seiner Höhe im Ruhesystem des irdischen Beobachters im Verhältnis 1 : 15 verkürzt erscheint.

Und auch diese Modifikatian kann uns die Relativitätstheorie erklären, Nach der Zeitdehnung, die wir an den bewegt gedachten Myonen beobachten konnten, schlägt sich in ihr die Kontraktion des Raumes nieder, die sie beschreibt. Ein bewegtes Objekt verkürzt sich in bezug auf einen Beobachter, der sich in Ruhelage befindet. Auf diese Weise wird die Erde zum Späroid, und schrumpft die Atmosphäre über ihr. Das erklärt nun die verlängerte Lebensdauer der Myonen. In dem Maße wie sie tiefer in die Erdatmosphäre eindringen, eilt ihnen die Erde ent gegen. Der Weg, den sie in ihrem kurzen Leben zurücklegen können, ist gar nicht länger geworden, vielmehr hat ihn die Bewegung der Erde verkürzt. Also hat es gar keine Verlangsamung des Myonenzerfalls gegeben. Was es gegeben hat, läßt sich als Kontraktion der Erde und ihrer Atmosphäre beschreiben. Es kommt eben ganz darauf an, welchen Standpunkt wir wählen.

Das aber ist die Unschärfe, von der ich sprach. Die Erde als Scheibe oder langlebige Myonen, freistürzende Teilchen oder unser Planet als Geschoß: wie wir nicht entscheiden können welcher Standpunkt bevorrechtigt, können wir nicht entscheiden, welche Wirklichkeit wirklicher ist. Oder anders gesagt und in die Begriffe der Quantenmechanik eingepaßt: Die Wirklichkeit, die aus der Relativitätstheorie folgt, ist komplementär. Denn komplementär nennt man Objekte, die aus widersprechenden Eigenschaften aufgebaut sind. Komplementär, das ist jene Erde, die rund *und* zusammengepreßt ist, komplementär, das sind jene Myonen, die gleichzeitig kurz- *und* langlebig sind.

Ja, auch in der Relativitätstheorie entsteht Unschärfe durch sich ausschließende Attribute, die an ein und demselben Gegenstand zu denken sind. Soweit zu den Ähnlichkeiten zwischen Quantenmechanik und Relativitätstheorie.

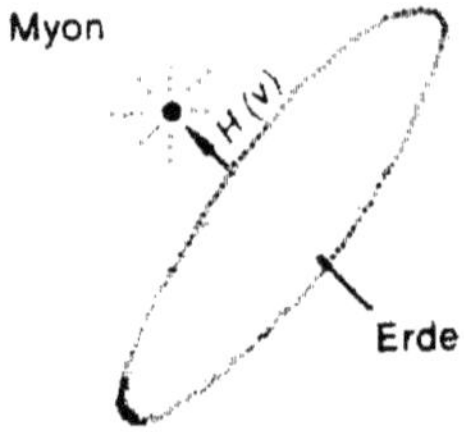

Von den Myonen aus gesehen, erscheint die Erde, die ihnen fast mit Lichtgeschwindigkeit entgegenfliegt, stark abgeplattet. Alle Abstände in Bewegungsrichtung sind verkürzt. Die Myonen können deshalb die Entfernung zur Erdoberfläche innerhalb iher Lebensdauer zurücklegen und die Erde erreichen.

Selbstorganisierte Theorien sollte man nicht über einen Kamm scheren. Es gibt auch Unterschiede zwischen ihnen. Ich glaube, daß die Unterschiede im Aufbau einer solchen Theorie zu ihren je unterschiedlichen Gegenstandsbereichen führen, die sie haben. Doch will ich das hier und jetzt nicht zeigen, wohl aber, daß es diese Unterschiede überhaupt gibt. Damit spiele ich nicht auf die Gegenstände von Relativitätstheorie und Quantenmechanik, auch nicht auf Mikro- und Makrokosmos, sondern auf den Unterschied zwischen Relativitätstheorie und Quantenmechanik, den ich an ihnen selber zeigen möchte, nicht am Theorieobjekt, sondern an der Theoriegestalt. Weil die Form einer selbstorganisierten Theorie über den Gegenstandsbereich entscheidet, dem sie gilt, müssen die unterschiedlichen Objekte, die die Relativitätstheorie und die Quantenmechanik haben, aus den Unterschieden folgen, die sie als Theorien voneinander trennen.

Kehren wir zu unserem Ballon zurück. Kehren wir zurück zur Erde, die einmal platt und dann als jener uns allen gut vertraute blaue Ball erscheint. Ich habe schon gesagt, daß diese Erde unscharf ist. Nun, diese Unschärfe kommt daher, daß die Relativitätstheorie unseren Planeten in völlig verschiedenen Bezugssystemen denken kann. Das kann man noch deutlicher formulieren und sagen, daß die Relativitätstheorie ihre Unschärfe aus differenten Standpunkten erzeugt. Weil diese Standpunkte gleichberechtigt und umkehrbar, weil relativ, sind, gibt es unscharfe Gegenstände in der Relativitätstheorie. Was hat das mit der anderen Unschärfe, der Unschärfe in der Quantenmechanik zu tun? Wie wir uns erinnern, hängt in der Quantenrnechanik die Unschärfe mit Messungen zusammen. In der Quantenmechanik entsteht die Unschärfe eines Objekts, weil wir an ihm stets nur einen Teil seiner Eigenschaften bestimmen können. Da gibt es den Ort, da den Impuls. Stets müssen wir uns entscheiden, welches dieser Attribute wir genauer kennenlernen wollen. Ist diese Entscheidung erst einmal getroffen, gibt es kein Zurück mehr. Das andere Attribut, auf das unsere Wahl nicht gefallen ist, verschwindet. Diese zumindest teilweise Verflüchtigung der Gegenstände, macht die Gegenstände der Quantenmechanik unscharf. Damit aber liegt ein möglicher Unterschied zwischen unseren beiden selbstorganisierten Theorien auf der Hand. In der Quantenmechanik ergibt sich die Unschärfe daraus, *daß wir uns entscheiden*, welcher Aspekt eines Objekts zu überprüfen ist. Und das ist in der Relativitätstheorie ganz und gar nicht der Fall. Sicher, auch in ihr gibt es Unschärfe, auch in ihr ist diese Unschärfe an komplementäre, und das heißt, sich ausschließende Objekteigenschaften gebunden. Doch dieser Ausschluß ergibt sich in der Relativitätstheorie gerade nicht daraus, daß wir irgend etwas entscheiden. Ganz im Gegenteil! Damit es jene unscharfen Ensembles, damit es die Erde als Ball und als Scheibe gibt, damit es gleichzeitig lang- und kurzlebige Myonen gibt, müssen die Bezugssysteme, in denen sie alle stecken, gleichberechtigt sein. Oder anders gesagt, dürfen wir über die Rangfolge zwischen diesen Bezügen *nicht entscheiden*. Nur weil sie nicht hierarchisiert sind, weil ihre Priorität nicht entschieden, weil sie unentschieden bleibt, gibt es die komplementären, gibt es die unscharfen Gegenstände der Relativitätstheorie.

Ich habe behauptet, daß der interne Aufbau selbstorganisierter Theorien über ihren Gegenstandsbereich entscheidet. Es ist jetzt möglich, diese Behauptung einzulösen. Da stehen sie sich gegenüber: Einstein und Bohr. Der eine trifft Entscheidungen, der andere schiebt sie auf. Um zu verstehen, was das mit den Gegenständen zu tun hat, von denen sie sprechen, erinnern wir uns an ihren Streit. Dieser Streit gipfelte in der Frage, ob die Quantenmechanik mit ihrem dezisionistischen Meßprogramm vollständige Aussagen über mikrophysikalische Objekte machen kann. Einstein hat dies stets bestritten. Und wenn wir uns jetzt anschauen, welche Überlegung ihn dazu führte, werden wir sehen, auf welche Weise selbstorganisierte Theorien ihren Gegenstandsbereich bestimmen. »Gott würfelt nicht«, argumentierte Einstein und weist damit die Ansicht ab, daß eine willkürliche Entscheidung wie sie etwa in einer Quantenzerstörmessung enthalten ist, richtig sein kann. Natürlich will ich nicht behaupten, daß er sich damit selber an die Stelle Gottes setzt. Wenn aber nicht auf sich, worauf dann spielt Einstein an? Ganz einfach: auf seine Theorie. Auf seine Theorie, die eben nicht entscheidet, die nicht willkürlich festlegt, die nicht wählt, die eben nicht würfelt. Nein, Einstein hält die Objekteigenschaften in der Schwebe und führt keine Entscheidung herbei. Das ist ein Grund, warum sich der Gegenstandsbereich seiner selbstorganisierten Theorie von dem der Quantenmechanik unterscheidet. Das ist aber auch ein Grund, warum Einstein mit seiner Theorie nicht so weit wie Niels Bohr geht. Ich habe vermutet; daß wir selbstorganisierte Theorien auf einer Art Skala eintragen können. Diese Skala soll anzeigen, wie weit sie die Modifikation ihrer Objekte treiben. Beide Eintragungen liegen jetzt vor. Aus ihnen wird erklärlich, warum Einstein den Dezisionen

Bohrs mißtraut. Doch obwohl er vorsichtiger, um nicht zu sagen, behutsamer vorgeht, wird auch Einstein den Folgen, die selbstorganisierte Theorien ihren Vertretern auferlegen, nicht entgehen. Das möchte ich in den verbleibenden Kapiteln zeigen.

Selbstverstärkung

Die allgemeine Relativitätstheorie

Nun ist es nicht leicht, eine Theorie, die auf der strikten Relativität ihrer Ergebnisse beharrt, Ernst zu nehmen. Schließlich möchten wir schon wissen, ob unser Planet Kugel- oder Scheibengestalt hat. Wenn aus der Relativitätstheorie tatsächlich folgt, daß man diese Frage nicht entscheiden kann, hat sie ein Problem. Ähnlich verhält es sich mit allen anderen Beispielen, dies ich bislang zu ihrer Illustration herbeigezogen habe. Der schrumpfende Raum und die verlangsamte Zeit was soll das für einen Sinn haben, solange sich die Bezugssysteme, von denen aus sie wahrgenommen werden, wechselseitig bestreiten? Hat Einstein wirklich angenommen, daß man sich damit zufrieden gibt? Natürlich nicht. Ganz im Gegenteil war er selber an denkbaren *Beweisen* seiner Theorie höchst interessiert. Beweisen läßt sich eine Theorie jedoch nur, indem sie Fakten beibringt, die nachweisbar und möglichst handgreiflich mit ihren Voraussagen übereinstimmen. Davon einmal ausgegangen, kann man sehr leicht verstehen wie schwer ein solcher Beweis für Einstein zu finden war. Da hält er eine Theorie in Händen, die die Relativität ihrer Ergebnisse behauptet. Was aber soll das sein, ein relatives Ergebnis? Ganz sicher kein Objekt, kein Gegenstand im gewöhnlichen Sinne. Denn selbst angenommen, daß Einstein die Verlangsamung der Zeit in einem bewegten System tatsächlich nachweisen kann, wäre dieser Beweis doch nur solange ein Beweis seiner *Relativitäts*theorie, als *auch* bewiesen werden kann, daß es *nicht* so ist. Und genau das gleiche gilt von seiner anderen kolossalen Behauptung, von der Kontraktion des Raumes.

So steht Einstein vor dem Dilemma, daß jedes Ereignis, das seine Theorie beglaubigt, seine eigene Gültigkeit bestreiten muß. Man wird zugeben, daß das keine besonders ermutigende Ausgangslage ist. Sie ist bizarr und erinnert uns an andere, ähnlich verfahrene Situationen in der Quantenmechanik. Damals habe ich die Vermutung gewagt, daß es sich bei diesen Aporien weniger um Sach- als um Denkzwänge handelt. Es sind die von uns konzipierten Theorien, die zu ihnen führen. Weil diese Theorien eben keine gewöhnlichen, sondern selbstorganisierte Theorien sind, haben sie ungewöhnliche Konsequenzen. Diesen Konsequenzen folgen wir. Und was dabei entsteht, das sind die Welten, die zu jenen selbstorganisierten Theorien passen. Nur weil sie zu den Konsequenzen passen, die diese Theorien haben, gibt es sie. Sie sind uns fremd und wir verstehen sie kaum. Trotzdem folgen sie einer inneren Logik. Sie folgen die Logik der Theorie, die hinter ihnen steht.

Die Lösung, die Einstein für sein Problem gefunden hat, trägt einen Namen. Allgemeine Relativitätstheorie.

Die Kontraktion des Raumes und die Dilatation der Zeit sind die Ergebnisse der speziellen Relativitätstheorie. Die Kontraktion des Raumes und die Dilatation der Zeit zu beweisen, *ohne* dabei den theoretischen Rahmen zu sprengen, aus dem sie abgeleitet worden sind, ist Gegenstand der allgemeinen Relativitätstheorie.

Einstein möchte seine Theorie beweisen. Eine Theorie beweist man, indem man ihre Voraussagen an der Wirklichkeit überprüft. Was also sagt Einsteins Theorie voraus? Nun, zum Beispiel, daß die Zeit in einem bewegten System relativ zu einem unbewegten System langsamer vergeht. Wie soll man eine solche Voraussage beweisen? Einsteins Antwort lautet: »Indem man Raumfahrt betreibt.«

Um seine Theorie plausibel zu machen, hat sich Einstein das berühmte Zwillingsparadox ausgedacht. Stellen wir uns zwei Männer vor. Der eine träge, der andere voller Energie. Obwohl so verschieden angenommen, sollen sie Zwillinge sein. Sie sind gleich alt, sie sehen gleich aus. Ihrem Naturel entsprechend gehen sie verschiedenen Beschäftigungen nach. Dabei ergibt sich, daß der eine Mann Raumfahrer wird. Dieser Mann, natürlich handelt es sich dabei um den energischen, verläßt die Erde zu einem langen Flug. Derweil vertreibt sich sein Bruder die Zeit hier mitten unter uns. Er lebt sein Leben und seine Zeit vergeht. Unterdessen rast sein Zwilling mit nahezu Lichtgeschwindigkeit der Sonne entgegen. Dann verläßt er sogar unser Planetensystem, um weiter und weiter hinaus in die Leere des Raumes vorzustoßen. Dabei vergeht auch sein Zeit. Er altert. Irgendwann ist es Zeit, umzukehren. Beladen mit neuen Erkenntnissen lenkt er sein Raumschiff wieder zur Erde zurück. Es ist ein großer Tag, da er vom Himmel herabstößt und exakt dort landet, wo er vor vielen Jahren abgeflogen ist. Denn natürlich hat er seine Ankunft angekündigt. Er wird erwartet, mitten in einer großen Menschenmenge steht ein alter, weißhaariger Mann. Dieser Mann sieht, wie sich die Luke öffnet. Er sieht, wie ein strahlender Held in der Blüte seiner Jahre winkend die Gangway hinabsteigt. Dieser alte, weißhaarige Mann ist der Bruder des Piloten. Als Zwillinge geboren und aufgewachsen hat die rasende Fahrt des einen, hat die statische Ruhe des anderen dazu geführt, daß man sie nicht mehr als Zwillingen erkennt.

Ja, so könnte er aussehen, der Beweis der Einsteinschen Relativitätstheorie. Denn obwohl wir keine Möglichkeit haben, Zwillinge auf Umlaufbahnen zu schießen, können wir doch Uhren bewegen. Zwei solche Uhren synchronisieren wir. Die eine bleibt, wo sie ist. Die andere verfrachten wir in ein Flugzeug. Dieses Flugzeug startet und umrundet die Erde mit großer Geschwindigkeit. Dieses Flugzeug landet und wir tragen die in ihm beförderte Uhr wieder hinaus. Jetzt stellen wir die Uhren nebeneinander. Sie sind nicht mehr synchron. Die Uhr, die sich an Bord des Flugzeugs befand, geht nach. Oder anders gesagt: sie ist jünger geblieben. Diese Uhren, das sind Einsteins Zwillinge. Diese Zwillinge hat es niemals gegeben. Wohl aber die Uhren. Zum ersten Mal 1971 ist an einer Atomuhr, die an Bord eines Flugzeugs mitgeführt wurde, die Dilatation der Zeit gemessen worden. Und weil dieses Experiment mit den Atomuhren so ausgegangen ist wie es Einstein mit seinem Zwillingsparadox vorausgesagt hat, ist eine wichtige Voraussage der Relativitätstheorie bewiesen. Eigentlich könnte Einstein zufrieden sein. Es gibt Möglichkeiten, die Verlangsamung der Zeit, die seine spezielle Relativitätstheorie vorausgesagt hat, nachzuweisen. Einstein ist aber nicht zufrieden, Und das hat einen ganz einfachen Grund. Jener Beweis, der seine Relativitätstheorie stützen soll, verstößt zugleich gegen sie. Warum verstößt das Beispiel von den Zwillingen gegen die Theorie Einsteins? Weil es die *Relativität* der Standpunkte verletzt. Das wollen wir uns klar machen. Wir sehen uns die Zwillinge an. Nach der Reise des einen sind sie einander nicht mehr ähnlich. Und das nicht nur, weil sie vielleicht verschiedene Interessen ausgebildet haben, unterschiedliche Vorlieben, einen differenten Geschmack. Nein, einander nicht mehr ähnlich sind die Zwillinge, weil der eine älter als der andere ist. Das ist hart. Das ist fundamental. Das verstößt gegen ihre eigentliche Bestimmung Zwillinge zu sein. Nach dem Flug des einen, gibt es keine Zwillinge mehr. Diese Entwicklung ist unumkehrbar. Sie ist endgültig. Das habe ich gemeint, als ich sagte, daß Einsteins Beispiel von den Zwillingen gegen die Relativität der Standpunkte verstößt. Das allerdings ist ein Verstoß gegen die Relativitätstheorie selber! Erinnern wir uns. Entstanden aus der

Annahme einer absoluten Bewegung des Lichts, ist für sie entscheidend, daß die Veränderungen des Raumes und der Zeit an Bezugssysteme gebunden sind. *In* diesen Bezugssystemen findet eine solche Veränderung des Raumes und der Zeit *nicht* statt. Wäre es anders, könnte Einstein seine Annahme von der absoluten Lichtgeschwindigkeit nicht halten. Nur weil diese Annahme dafür sorgt, daß die Raum- und Zeitveränderung *in* den jeweiligen Systemen nicht auszumachen sind, gab es jene unterschiedlichen Räume und Zeiten, die der Relativitätstheorie ihren Namen geben. Jetzt ahnen wir, warum Einstein mit seinem eigenen Beispiel nicht zufrieden sein kann. Dieses Beispiel führt in die jeweiligen Bezugssysteme einen *wirklichen* Unterschied ein. Ist die Raumfahrt des einen Mannes erst einmal vorbei, ist es um die Gleichberechtigung dieser Systeme geschehen. Denn daß in einem dieser Systeme, dem bewegten nämlich, die Zeit *tatsächlich* langsamer verlaufen ist, ist unbestreitbar. Wie soll dieses Ungleichgewicht zurückgenommen werden? Anders gefragt: gibt es eine Möglichkeit, uns auch den auf der Erde verbliebenen jünger als seinen raumfahrenden Bruder vorzustellen? Nur wenn Einstein diese Frage bejahen kann, kann er den Dreh- und Angelpunkt seiner Relativitätstheorie retten. Nur wenn Einstein auf diese Frage eine Antwort einfällt, kann er die Relativität der Standpunkte, auf der sie beruht, unverletzt lassen. Und weil diese Relativität der Standpunkte von der Annahme einer absoluten Bewegung des Lichts ausgegangen ist, steht mit der Antwort auf diese Frage die Relativitätstheorie als selbstorganisierte Theorie auf dem Spiel.

Die absolute Bewegung des Lichts sorgt für die Umkehrbarkeit der Bezugssysteme und damit für die Relativität von Raum und Zeit. Jedes Beispiel, das diese Umkehrbarkeit verletzt, verletzt die Annahme von der absoluten Bewegung des Lichts. So lautet in karger Deduktion die Begründung dafür, daß Einsteins Zwillings-Paradox nicht nur für klassische Vorstellungen, sondern auch für seine *relative* Auffassung von Raum und Zeit paradoxal ist.

Nun hat man sich schon früh über die seltsame Lösung lustig gemacht, die die Relativitätstheorie zu retten scheint. Um die Relativität der Standpunkte, die sie fordert, einzuhalten, soll es denkbar bleiben, daß auch der daheimgebliebene Zwilling in irgendeiner Weise der jüngere geblieben ist. Wie absurd diese Forderung ist, die doch als einzige der Relativitätstheorie als Theorie von der Relativität aller Veränderungen des Raumes und der Zeit, Rechnung zu tragen scheint, können wir uns leicht verständlich machen. Was ergibt sich aber, sobald sie erfüllt wird? Es ergibt sich, daß sowohl der raumfahrende als auch der auf der Erde gebliebene Zwilling jünger als der andere ist. Das aber würde die Relativitätstheorie erst recht in eine Krise stürzen. Als ich einleitend meinte, daß sich die Beweise der Relativitätstheorie stets auch dementieren müssen, habe ich auf diese Krise angespielt. Vielleicht wird jetzt das ganze Ausmaß der Schwierigkeiten klar, vor denen Albert Einstein steht. Welchen Beweis er sich auch ausdenkt, um die Voraussagen seiner Theorie beweisbar zu machen, damit sie mit seiner eigenen Theorie in Übereinstimmung bleiben, müssen diese Beweise relativ und das heißt, an einen Standpunkt gebunden sein. Was nicht widersprüchlich und relativ ist, was also handfest und überzeugend, was schlagkräftig und über jeden Zweifel erhaben ist, ist zugleich auch eine Widerlegung dessen, was es zu beweisen gilt. Das ist eine seltsame Konsequenz. Das ist eine Konsequenz, die uns nicht geläufig ist. Deshalb habe ich vermutet, daß es eine Konsequenz ist, die sich beim Versuch, eine selbstorganisierte Theorie zu beweisen, ergibt. Weil die Relativitätstheorie eine selbstorganisierte Theorie ist, weichen die Bedingungen, die sie an den stellt, der sie vertreten will, von den Bedingungen, die klassische Theorien stellen, ab. Indem ich jetzt zu zeigen versuche, wie Einstein mit diesem Problem fertig geworden ist, werde; ich dementsprechend zu beweisen haben, daß seine Lösung auf eine selbstorganisierte Theorieform reagiert.

Einstein erfindet nun eine neue Dimension. Einstein erfindet die RaumZeit. Mit dieser Erfindung fängt die allgemeine Relativitätstheorie an. Um sie zu verstehen, kehren wir zum Zwillingsparadox zurück. Wir haben gesehen wie dieses Paradox die spezielle Relativitätstheorie erschüttert. Diese Erschütterung entsteht, weil es die Relativität der Standpunkte und damit Einsteins Annahme verletzt, die sie begründet. Diese Annahme betrifft die absolute Geschwindigkeit des Lichts. Aus ihr folgt, daß es *in* Systemen keine Möglichkeit zur Verifikation dessen gibt, was man *außerhalb* dieser Systeme beobachten kann. Aus dieser Unmöglichkeit entsteht die Relativität von Raum und Zeit. Das ist die Ausgangslage. Das ist die spezielle Relativitätstheorie. Um sie zu beweisen, hat Einstein das Zwillingsparadox ersonnen. Es soll jene Zeitverschiebung veranschaulichen, die sich aus den unterschiedlichen Betrachtungsweisen ergibt. Einsteins Voraussage lautet, daß in einem bewegten System die Zeit langsamer vergeht. Diese Voraussage aber hat einen Zusatz und lautet: Sobald man dieses System auf ein System bezieht, das relativ zu ihm in Ruhelage ist. Daraus folgt, daß Einstein nicht der Meinung war, daß in diesem bewegten System die Zeit *tatsächlich* langsamer verläuft. Langsamer verläuft sie nur für den Beobachter, der es von außen sieht. Genau diese Relativität des Standpunkts hat sein eigenes Beispiel verletzt. Der Zwilling, der sich, wenn man so sagen kann, wie ein bewegtes System benommen hat, ist *wirklich* jünger geblieben. Damit seine Grundannahme von der relativen Veränderung der Zeit richtig bleibt, muß Einstein mit diesem Ergebnis fertig werden. Es ist da und läßt sich nicht wegdiskutieren. Es wird später sogar experimentell bestätigt und läßt sich dadurch erst recht nicht wegdiskutieren.

Eine erste Lösung könnte sein, alles umzukehren. Diese Lösung scheint nahezuliegen und wird von der speziellen Relativitätstheorie nahegelegt. Weil in ihr alle Bezugssysteme umkehrbar sind, sind diese Bezugssysteme relativ, leider ist diese Lösung im Fall der Zwillinge nicht gangbar. Ich habe schon angedeutet, warum. Wie also anders kann Einstein sein eigenes Ergebnis wieder relativieren? Wie kann er es relativieren, damit es zu einer eigenen Theorie paßt?

Hier nun seine genial Idee. Sie zeigt, wie wir uns einen *tatsächlichen* Unterschied zwischen und in Bezugssystemen denken können, ohne daß deren Relativität verletzt wird. Damit steuert Einstein etwas ganz Wichtiges an. Er steuert damit ein Realitätssegment an. Er steuert damit ein Realitätssegment an, in dem seine Theorie gilt. Waren die Überlegungen, die aus seinen Veränderungen des Raumes und der Zeit folgten, bisher mehr faszinierend als von grundlegender Bedeutung, ändert sich das nun. In dem Maße wie Einstein seiner Relativitätstheorie *wirkliche* Veränderungen in Raum und Zeit einpaßt, wendet er sie auf die Dinge an, die uns umgeben. Vorher war seine Theorie ein Luftschloß. Jetzt wird sie real. Die allgemeine Relativitätstheorie gibt der speziellen Relativitätstheorie den Rahmen, den sie braucht, um eine Theorie der Wirklichkeit zu sein. Einstein sagt, daß wir den Unterschied zwischen seinen Zwillingen sehen, weil es ihn gibt. Einstein sagt weiter, daß dieser Unterschied, obwohl es ihn gibt, trotzdem relativ bleibt. Und das ist neu. Um das zu verstehen, fangen wir noch einmal ganz von vorne an. Die Zwillinge, da sind sie wieder. Nichts hat sich verändert. Der eine bleibt auf der Erde, der andere bricht zu seiner Reise auf. Was sich ändert, ist folgendes: Wir betrachten die zwei Brüder nicht länger in drei, sondern in vier Dimensionen. Ich weiß, daß man sich das nicht mehr vorstellen kann. Jene vierte Dimension, die Einstein seinem eigenen

Beispiel hinzufügt, ist die RaumZeit. Bislang haben wir Raum und Zeit als separate und voneinander unabhängige Größen betrachtet. Diese Möglichkeit schränkt Einstein ein. Er sagt, daß die Bewegung des raumfahrenden sich von der seines daheimgebliebenen Bruders unterscheidet, weil sich beide in völlig verschiedener Weise durch Raum und Zeit bewegen. Das hört sich banal an, ist es aber nicht. sehen wir näher hin.

Der Zwilling, der auf der Erde bleibt, bewegt sich durch den Raum. Diese Bewegung durch den Raum von seinen Verrichtungen und der Erdbewegung vorgegeben. Zugleich bewegt er sich durch die Zeit. Weil er sich auch durch die Zeit bewegt, altert er. Sehen wir uns jetzt seinen Bruder an. Auch er bewegt sich durch die Zeit, auch er altert. Gleichzeitig bewegt er sich aber um viele Milliarden Kilometer weiter durch den Raum. Das ist der Unterschied, den Einstein meint. Er bezieht sich auf den, wenn man so sagen will, Quotienten aus Raum und Zeit, den die Bewegungen der Zwillinge bilden. Und dieser Quotient ist natürlich anders, sobald wir die Zeit- und Raumanteile ändern, die ihn bilden. Genau das aber geschieht in Einsteins Paradox! Verglichen mit seinem raumfahrenden Bruder besitzt der Quotient, den die Raum- und Zeitanteile des daheimgebliebenen bilden, einen sehr hohen Zeitanteil. So stellt Einstein in seiner neuen Theorie dar, daß sich dieser Zwilling kaum bewegt. Ganz anders verhält es sich an Bord des Raumschiffs. Auch der raumfahrende Zwilling verrichtet seine Dinge und altert. Doch während er dies tut, bewegt er sich mit rasender Geschwindigkeit durchs All. Das aber bedeutet, daß der Quotient aus Raum- und Zeitanteilen für ihn ein ganz anderer wird. Schließlich gibt der Quotient wieder, daß er sich bewegt. Wie also müssen seine Anteile verteilt sein? Ganz einfach, der Quotient, den die Raum- und Zeitanteile des raumfahrenden Zwillings bilden, besitzt einen sehr hohen Raumanteil. Oder anders gesagt, und damit kommen wir auf Einsteins Paradox zurück, er verbraucht weniger Zeit, er altert nicht. Wenn sich die Zwillinge schließlich wieder treffen, ist der eine zwar jünger als der andere geblieben, doch hat das die prinzipielle Gleichberechtigung der Systeme, die sie bilden, nicht verletzt. Allerdings müssen wir einen völlig neuen Standpunkt, eine Art Metaebene einnehmen, damit wir das begreifen.

Wenn wir die RaumZeit als neuen Parameter berücksichtigen, bleiben die Zwillinge, obwohl sie verschieden alt sind, gleich. Wieso? Weil ihren RaumZeit-Parameter anders bilden. Sobald wir die

RaumZeit als neue Dimension den bekannten Dimensionen hinzufügen, können zwei Systeme ein unterschiedliches Alter aufweisen, ohne aufzuhören, gleich zu sein. Und wir fragen nochmals, warum das so ist. Die Antwort lautet: weil sich das Alter jedes dieser Systeme *auch* danach richtet, ob und wie sehr es sich bewegt. Das ist die Erklärung dafür, daß die Zwillinge Zwillinge geblieben sind. Das ist die Erklärung dafür, daß sie sich nur von einem, wenn man so sagen darf, »flachen« Gesichtspunkt aus betrachtet unterscheiden. Nur solange wir *nicht* berücksichtigen, daß sich das Leben eines jeden von ihnen aus Raum *und* Zeit zusammensetzt, können wir glauben, daß ihr ALter allein schon ausreicht, um sie zu unterscheiden. Von Einsteins »höherem« Gesichtspunkt, von seiner allgemeinen Relativitätstheorie aus betrachtet, verhält sich das anders. Hier ist der eine älter als der andere Bruder, ohne daß das schon ausreicht, sie voneinander abzugrenzen. Weil ein Bruder fast nur die Zeit, der andere Zeit und Raum bereist, hat sich ihr Alter verschoben. Das ist der Grund, warum sie bloß unterschieden scheinen, nicht aber unterschieden sind.

Was hat das mit selbstorganisierten Theorieformen zu tun? Sehr viel. Schließlich gelingt es Einstein mit seiner Erfindung der RaumZeit, die Relativität der Standpunkte wiederherzustellen. Davon aber ging seine Theorie aus. Das Zwillings-Paradox hatte ja gerade diese Gleichheit der Standpunkte untergraben und war deshalb zu einer Gefahr für den geworden, der es sich ausgedacht hatte. Denn in dieser Gleichheit der Standpunkte äußert sich die absolute Bewegung des Lichts. Sie ist es, die dafür sorgt, daß der Raum und die Zeit in Systemen anders erscheinen als man sie von außerhalb beobachten kann. Nur weil die Lichtgeschwindigkeit keinen Rückschluß darüber zuläßt, wie man sich relativ zu ihr bewegt, können die Systemansichten differieren. Das hat das Zwillings-Paradox in Frage gestellt. Nach ihm ist der Unterschied zwischen Innen- und Außenansicht bewegter Systeme nicht relativ, sondern wirklich. Woraus folgt, daß die absolute Geschwindigkeit des Lichts zwar verhindern kann, daß der fliegende Zwilling die Verlangsamung seines Alterungsprozesses feststellt, nicht aber, daß diese Verlangsamung tatsächlich geschieht. Nein, vom Zillings-Paradox aus gesehen gibt es keine relative Zeitdehnung. Sie ist meßbar und objektiv. Um aus dieser Aporie herauszukommen, hat Einstein die RaumZeit erfunden. Das ist der Grund, warum er mit der RaumZeit auf die selbstorganisierten Merkmale seiner Relativitätstheorie reagiert. Deshalb setzt die RaumZeit mit der neugewonnenen Umkehrbarkeit der Standpunkte auch *die* Größe erneut ins rechte Licht, die für sie gesorgt hat: die absolute Geschwindigkeit des Lichts. Für diese Behauptung gibt es einen schlüssigen Beweis. Um ihn zu verstehen, schauen wir uns das neu gebildete RaumZeit-Kontinuum näher an.

Wie angedeutet ist es aus Raum- und Zeitanteilen aufgebaut. Aus ihnen können wir einen Quotienten bilden, der das Zwillings-Paradox mit seiner wirklichen Zeitdehnung in die Relativitätstheorie zurückholt. Aus diesem Grund muß dieser Quotient etwas mit der absoluten Lichtgeschwindigkeit zu tun haben! Sie ist vom Zwillings-Paradox untergraben worden. Er stellt sie wieder her. Fragen wir also danach, wie er das macht. Der Quotient, der aus den Raum-.und Zeitanteilen der RaumZeit gebildet wird, zieht eine Grenze. Diese Grenze ist ein Grenzwert. Die Grenze, die der Quotient zieht, ist unüberschreitbar. Um das zu verstehen, stellen wir uns seine Anteile vor. Stellen wir uns vor, einer dieser Anteile repräsentiere die Zeit, die auf einem Flug ins All vergeht. Wir wissen schon, daß diese Zeit, auf ein ruhendes System bezogen, verlangsamt ist. Was bedeutet das? Nun, das bedeutet, daß ein großer Teil des diesen Flug darstellenden RaumZeit-Quotienten aus Raumanteilen gebildet wird. Um zu errechnen, wie sehr die Zeit verlangsamt ist, die an Bord des Raumschiffs verstreicht, müssen wir errechnen, wie groß dieser Anteil ist. Dabei gilt, daß die Größe des Raumanteils das Maß bestimmt, das für die Zeit bleibt. Je schneller das Raumschiff fliegt, desto größer wird der Raumanteil und desto langsamer verstreicht die Zeit. Diese Regel, die wir gerade gefunden haben, ist jedoch nicht uneingeschränkt gültig. Ganz im Gegenteil ist sie begrenzt. Welches ist ihre Grenze? Ihre Grenze wird durch das Verschwinden des Zeitanteils gebildet. In diesem Augenblick würde der Flug durchs All so schnell, daß er sich nur noch im Raum und gar nicht länger durch die Zeit bewegt. Das aber ist unmöglich. Es muß Zeitanteile geben, damit der Quotient bildbar bleibt. Ist das nicht so, läßt sich das Kontinuum aus Zeit und Raum auf.

Nun ist es nicht schwer, an diesem Grenzwert die neue Begründung einer altbekannten Annahme Einsteins abzulesen. Schließlich gab es auch in der speziellen Relativitätstheorie eine Größe, deren Geschwindigkeit nicht überschritten werden konnte. Bei dieser Größe handelt es sich um die Lichtgeschwindigkeit. Das ist der Grund, warum auch die allgemeine Relativitätstheorie mit ihrer RaumZeit die spezielle Relativitätstheorie betrifft. Man kann auch sagen, daß sie die selbstorganisierte Größe, die in ihrem Zentrum stand, *verstärkt*. Das wird ganz deutlich, sobald man danach fragt, warum es ausgerechnet die Geschwindigkeit des Lichts sein soll, die den Grenzwert des RaumZeit-Quotienten bildet? Um auf diese Frage eine Antwort zu geben, kehren wir noch einmal zu unserem Beispiel von der Lichtuhr zurück.

Hier schlägt sie. Wir haben sie bewegt und festgestellt, daß sie dann verlangsamt läuft. Dafür fanden wir eine Erklärung. Wir sagten, daß es der Weg sei, der bei bewegten Lichtuhren länger wird: der Lichtstrahl, dessen Weg den Schlag der Uhr bestimmt, hat eine weitere Strecke zu durchlaufen. Dabei kann man sich diesen Weg als Abweichung von der Vertikalen veranschaulichen. In dem Maße wie wir die Lichtuhr schneller bewegen, flacht sich die Kurve ab, die zwischen ihren Schlägen verläuft. Gleicht der Weg, den der Lichtstrahl bei Ruhelage zu bewältigen hat, einer vertikalen Linie, lenkt ihn jede Bewegung, in die die Uhr versetzt wird, von dieser Linie ab. Wie weit diese Ablenkung ausfällt, hängt folglich von der Geschwindigkeit ab, mit der sich die Lichtuhr bewegt. Fragen wir jetzt, wie hoch diese Geschwindigkeit werden kann? Kann sie unendlich groß werden? Offensichtlich nicht. Ganz im Gegenteil hängt die Höhe der Geschwindigkeit, mit der sich die Lichtuhr bewegen kann, von der Kurve ab, die den Weg des Lichtstrahls bildet. Da diese Kurve den Rhythmus der Uhr widergibt, gibt sie in dem Maße, in dem sie abflacht, auch eine Verlangsamung dieses Rhythmus wieder. Wie langsam kann eine Uhr gehen? Eine Uhr kann so langsam gehen, bis sie stehenbleibt. Und genau das ist der Punkt. Sobald die Uhr steht, vergeht keine Zeit mehr. Sobald die Uhr steht, ist die vormals vertikale zu einer horizontalen Linie geworden, gibt es kein Schlagen der Uhr.

Und diesen Stillstand können wir auch anders formulieren, indem wir ihn auf den RaumZeit-Quotienten beziehen. jetzt sagen wir, daß sich jene Uhr, die nicht mehr schlägt, so schnell bewegt, daß der Quotient, der sie darstellt, nur noch Raum- aber keine Zeitanteile mehr besitzt. Die Lichtuhr steht still, sobald ihre Geschwindigkeit *den* Grenzwert erreicht, der den Zeitanteil des RaumZeit-Quotienten löscht. Das aber ist die von uns gesuchte Beziehung zwischen der Lichtgeschwindigkeit und der neuen Dimension aus Raum und Zeit.

Eine Lichtuhr steht still, sobald der Lichtstrahl, der in ihr schwingt, in eine Linie verwandelt wird. Eine Lichtuhr steht still, sobald sie sich so schnell bewegt, daß die Oszillation ihres Lichtstrahls aufhört. Und weil das genau dann geschieht, sobald die Bewegung der Uhr der Bewegung dieses Lichtstrahls exakt gleich ist, ist der Wert, der das Schlagen der Uhr durch eine Art Flimmern ersetzt, die Lichtgeschwindigkeit selbst. Sobald die Lichtgeschwindigkeit erreicht ist, läßt sich der Schlag der Lichtuhr in eine Linie auf, sobald die Lichtgeschwindigkeit erreicht ist, steht die Lichtuhr still. Oder eben: sobald die Lichtgeschwindigkeit erreicht ist, besitzt der Quotient, der diese Lichtuhr wiedergibt, keine Zeitanteile mehr.

Das ist der Grund, warum der Grenzwert, der sich bei der Auflösung des Zeitanteils des RaumZeit-Quotienten bildet, von der Lichtgeschwindigkeit dargestellt wird.

So geschieht es, daß auch und gerade die allgemeine Relativitätstheorie, die diesen Quotienten einführt, zu einer Begründung der Lichtgeschwindigkeit als einer absoluten Größe wird. Ich habe gesagt, daß die allgemeine Relativitätstheorie von charakteristischen Aussagen der speziellen Relativitätstheorie geleitet bleibt. Wenn wir uns den Zusammenhang zwischen Lichtgeschwindigkeit und RaumZeit anschauen, kann man auch sagen, daß sie sie *verstärkt.*

In seiner allgemeinen Relativitätstheorie stellt Einstein ein Kontinuum vor, in dem seine spezielle Relativitätstheorie gilt. Der RaumZeit-Quotient, der es beschreibt, steckt die Grenzen ab, der diese Theorie gehorcht. Innerhalb dieser Grenzen gilt sie. Innerhalb dieser Grenzen stimmt das, was sie berechnet und voraussagt, mit den Fakten überein. Mögen es Müonen sein, die auf die Erde stürzen oder eine Atomuhr, die sich mit Überschallgeschwindigkeit bewegt: die allgemeine Relativitätstheorie gibt die Zeitdilatation, die den Zerfall bzw, das Uhrwerk beeinflußt, ganz genau an. Daraus folgt, daß die allgemeine Relativitätstheorie für die spezielle Relativitätstheorie ähnlich wichtig ist wie die Kopenhagener Deutung für die Quantenmechanik. Beide errichten einen konsistenten Raum. In ihm gilt die Theorie, in ihm findet sie auch und gerade als selbstorganisierte Theorie einen Bereich, zu dem sie paßt. Doch wäre die Theorie Einsteins keine selbstorganisierte Theorie, wenn sie sich mit einer solchen Grenzziehung zufrieden gäbe. Das haben wir bei der Kopenhagener Deutung der Quantenmechanik kennengelernt. Und das geschieht auch jetzt.

Selbstisolation

Urknall – Schwarzes Loch

Wir stellen uns eine Fläche vor. Sie ist eben, sie ist glatt. Diese Fläche soll den Raumteil des RaumZeit-Quotienten darstellen. Wo bleibt der Zeitanteil? Hier ist er: über der Fläche liegt er, linear hingestreckt wie eine dicht geschlossene Wolkenformation. Das also soll das Land sein, in dem die allgemeine Relativitätstheorie gilt. Eine Ebene, unendlich weit und plan, von der eine Art Morgennebel aufsteigt, der sich an sie schmiegt. Die Ebene, das ist der Raum. Der Nebel, das ist die Zeit.

Wir nehmen jetzt vorsichtige Veränderungen vor. Diese Veränderungen beziehen sich auf die wechselnden Anteile, mit denen man den RaumZeit-Quotienten der allgemeinen Relativitätstheorie bilden kann. Wir können zum Beispiel den Raumanteil erhöhen. Was geschieht dann mit unserer Landschaft? Was geschieht mit jener unendlichen Ebene, die in Morgennebel getaucht scheint? Vielleicht wird der Nebel dichter, vielleicht schlängelt sich plötzlich ein Bach durch sie, bricht die Sonne auf ... Nichts von alldem. Wenn der Raumanteil der von uns vorgestellten Fläche expandiert, bildet sich weder Wasser noch Licht in ihr, sondern eine Senke. Eine Senke, das ist die Veränderung, die eintritt, sobald wir den Raumanteil des als Ebene versinnbildlichten RaumZeit-Quotienten größer machen.

Warum ist das so? Doch wohl, weil die Oberfläche einer Ebene, die Senken enthält, anwächst. Eine von zahlreichen Vertiefungen durchfurchte Fläche ist eine Fläche, deren Oberfläche die Oberfläche einer planen Ebene übersteigt. Also können wir sagen, daß die Anzahl oder auch die Tiefe der dieser Ebene eingepaßten Senken die Höhe des Raumanteils im RaumZeit-Quotienten darstellen kann.

Was ist mit der Zeit? Wie versinnbildlicht sich die dazu gehörende Abnahme des Zeitanteils? Zerreißt der Nebel? Treibt er in Schwaden einher? Nichts von alledem. Der sich an die Oberfläche des Raumes anschmiegende Nebel füllt vielmehr die Senken, die kleinen Täler der expandierenden Fläche aus. Was heißt das? Das heißt, daß er dünner wird. Daß die Vertiefungen des Raumes ihn verzehren. Denn so schwindet ein Teil, während der andere wächst. Der Raum dehnt sich aus und die Zeit nimmt ab. Und weil eine abnehmende Zeit eine langsamer verstreichende Zeit ist, symbolisiert unsere Landschaft mit ihren nebelverhangenen Tälern die Aufhebung jener einheitlichen RaumZeit-Struktur. Je tiefer ein solches Tal ist, desto dünner wird der Nebel, desto langsamer verstreicht die Zeit in ihm.

Ja, die Landschaft der allgemeinen Relativitätstheorie ist uneinheitlich. Sie hat, wie man zu sagen gewohnt ist, »Raumbeulen«, die den Lauf, die die Geschwindigkeit der Zeit bestimmen. Kleine Senken krümmen die Oberfläche der RaumZeit nur wenig; große Senken führen dazu, daß sie bis zum Zerreissen gespannt ist. Fragen wir uns jetzt, wodurch diese Senken entstehen. Die Antwort ist einfach: sie entstehen durch die Masse beliebiger Körper. Es mögen Sonnen oder Planeten sein, Sternstaub oder ganze Galaxien mit der Größe der ihnen zugehörenden Masse wächst die Vertiefung die im Raumteil des RaumZeit-Quotienten entsteht. Diese kleine Senke dort, das mag die Erde mit ihrer bescheidenen Masse sein, in jener Beule weiter hinten, deren Talsohle sich dem Auge entzieht, versammeln sich dementsprechend ganze Sonnenmassen. Und auch dieses Mal gibt es Beweise für einen solchen Aufbau der RaumZeit. Auch dieses Mal hat die visionäre Vorstellungskraft Einsteins einen Zusammenhang hergestellt, den vor ihm niemand vermutete. Dieser Zusammenhang läßt sich erneut mit sehr genau gehenden Uhren belegen. Angenommen, daß eine anwesende Masse tatsächlich die RaumZeit in der beschriebenen Weise krümmt, dann muß sich das an der Zeit ablesen lassen. Nahe der Masse, oder um im Bild zu bleiben, in der Senke wird die Zeit langsamer als auf der Ebene verstreichen. Um diese Verlangsamung, die Einsteins Vorstellung von der Krümmung der RaumZeit beweisen soll, nachzuprüfen, setzen wir zwei Uhren in einen Turm. Eine dieser Uhren steht auf dem Dach, die andere im Keller. Das bedeutet, daß die beiden Uhren unterschiedlichen Schwerefeldern ausgesetzt sind, daß eine der Uhren näher an der Erdmasse ist. Das sollte Auswirkungen haben. Das sollte sich messen lassen. Wenn Einsteins Theorie richtig ist, muß der Gang der zwei Uhren unterschiedlich sein. Und wir können auch sagen, worin dieser Unterschied besteht: die Uhr die "tiefer" in der Senke, in der Raumbeule steckt, die Uhr also, die der Erdmasse am nächsten ist, wird langsamer gehen. Die Uhr aber, die auf dem Dach des Turmes steht, die folglich eher am Rand einer Senke aufgebaut ist, da also, wo die Raum- und Zeitanteile noch nicht zuungunsten der Zeit verschoben sind, muß schneller gehen.

Dieses Experiment ist ausgeführt worden. Schließlich gibt es Türme und Uhren, die genau genug gehen. Dieses Experiment hat Einsteins Voraussage bestätigt. Dieses Experiment hat gezeigt, daß die Zeit auf einer Uhr, die einer Masse näher als eine andere ist, langsamer verstreicht. Also gibt es jenes Land, dessen Täler einen wachsenden Raumteil der RaumZeit veranschaulichen, jenen Nebel, der als Sinnbild einer vorhandenen Zeit in diesen Tälern immer dünner wird, gibt es die Raumbeule und gibt es die Masse, die sich in ihrem Zentrum befindet. Und wenn wir uns jetzt diese Landschaft von dem versinnbildlicht denken, was wir den Kosmos nennen, können wir ahnen, wie sich Einstein das All und die Verteilung der Galaxien in ihm vorgestellt hat. Als die eine und unveränderliche RaumZeit, die in der wechselnden Anordnung ihrer Bestandteile das Universum symbolisiert.

Die Landschaft, die wir uns ausgedacht haben, können wir verändern. Das können wir auch anders ausdrücken und sagen, daß wir mit ihr experimentieren. Doch bevor wir damit anfangen, wollen wir uns noch einmal über ihren Geltungsbereich verständigen. Diese Landschaft ist ein Bild. Natürlich gibt es sie nicht. Ich stelle sie mir als eine Art Computergraphik vor, die die Variationen eines Grundmusters darstellen kann. Dieses Grundmuster ist der RaumZeit-Quotient. Seine Anteile bilden den Input, mit dem unser Graphikprogramm auskommen muß. Es kann diese Anteile verändern und dabei Bilder hervorbringen, von denen die angedeuteten Senken und Beulen zwei Möglichkeiten sind.

Nehmen wir nun eine neue Abwandlung vor. Experimentieren wir jetzt! Wir erhöhen den Raumanteil der Graphik weiter. Dabei richten wir es so ein, daß sich die Expansion des Raumes nicht auf viele kleine Senken verteilt, sondern auf einen Zentralbereich reduziert. Dieser Zentralbereich soll eine Art "Hauptbeule" werden. Ihm führen wir die gesamte Oberflächenausdehnung des Raumes zu. Wir sehen wie sie wächst. Tiefer wird sie und tiefer. Inzwischen muß sich ihre Sohle unseren Augen entziehen. Doch wir hören nicht auf. Unentwegt stocken wir den Raumanteil unserer Computerlandschaft auf. Wir stocken ihn auf und konzentrieren ihn, konzentrieren ihn hier an dieser Stelle, genau in der Mitte der Ebene. Um die so entstandene Vertiefung ist es flach. Vom Rand der Beule aber stürzt alles hinab. Senkrecht nun fast und schier unaufhörlich. Steigern wir nochmals den Raumanteil. Wieder konzentriert auf die Mitte der Landschaft. Wieder beschränkt auf die nun grabenartig ins Erdreich gebohrte Senke. Unterdessen hat sich natürlich auch der Zeitanteil unserer Graphik verändert. Der Nebel, der diesen Zeitanteil darstellen soll, gleitet über den Rand in die gähnende Tiefe herab. längst sehen wir nicht mehr, was sich in der Schlucht ereignet. Wir sehen nur ständig neue Schwaden, oder um im Bild zu bleiben, Zeitmassen, die von der Raumbeule angezogen und verschlungen werden. Es ist ein Sog entstanden.

Und wenn wir uns jetzt noch über eine Art "Richtung" der Zeit verständigen, werden wir etwas Aufregendes entdecken. Nehmen wir an, daß die Zeit von links nach rechts verfließt. Daß sie als Strom von Zeit die Landschaft überspült. Was geschieht, sobald sich der Raumanteil erhöht? Ich sagte es schon: es gibt eine Senke in der Landschaft und die Zeit braucht länger, um zu verstreichen. Warum braucht sie Länger? Ganz einfach: weil der Weg durch ein Tal länger als über eine Ebene ist. Zurück jetzt zu unserem Experiment! Hier haben wir die Senke, die wir angerichtet haben. Unauslotbar tief liegt sie da. Schauen wir auf ihren linken Rand. An ihm hat sich der Sog gebildet, an ihm stürzt die Zeit in die Tiefe hinab. Schauen wir auf den rechten Rand. An ihm kriecht sie langsam hinauf, an ihm kehrt sie aus der Tiefe zurück. Sie hat einen weiten Weg hinter sich. Sie ist in die Schlucht gefallen, hat deren Sohle durchquert, um auf der anderen Seite nach oben zu steigen. Und wir erhöhen den Raumanteil ein letztes Mal. Wir zentrieren noch mehr Raumoberfläche in der schon tiefen Schlucht. Was geschieht? Zunächst geschieht nichts. Weiter strömt Zeit in die Senke, fällt als gleichmäßig treibender Nebel hinab. Weiter steigt sie an der anderen Seite, an der rechten Wand der Senke empor und taucht wieder auf. Doch halt. Jetzt hat sich etwas verändert. Es ist, als ob wir eine kritische Schwelle durchstossen hätten. Es ist, als ob unser letzter Versuch, den Raumanteil_ zu erhöhen, eine tiefgreifende Veränderung im Verhältnis der Raum- und Zeitanteile des Quotienten bewirkt hätte. Denn obwohl weiter Zeit als Nebel in die Senke fällt, kehrt keine Zeit, kehrt kein Nebel mehr aus ihr zurück. Der Sog scheint übermächtig zu werden, die Beule zu tief. Was hat das zu bedeuten? Nun, zuerst einmal, daß es uns gelungen ist, das von Einstein vorgegebene RaumZeit-Kontinuum zu sprengen. Um das auszudrücken, hat die Landschaft, die dieses Kontinuum versinnbildlichen soll, ein Loch.

Dieses Loch war nicht vorgesehen. Wie ist es entstanden? Es ist entstanden, indem wir den Raumanteil des RaumZeit-Quotienten immer weiter gesteigert haben. Dabei haben wir irgendwann eine

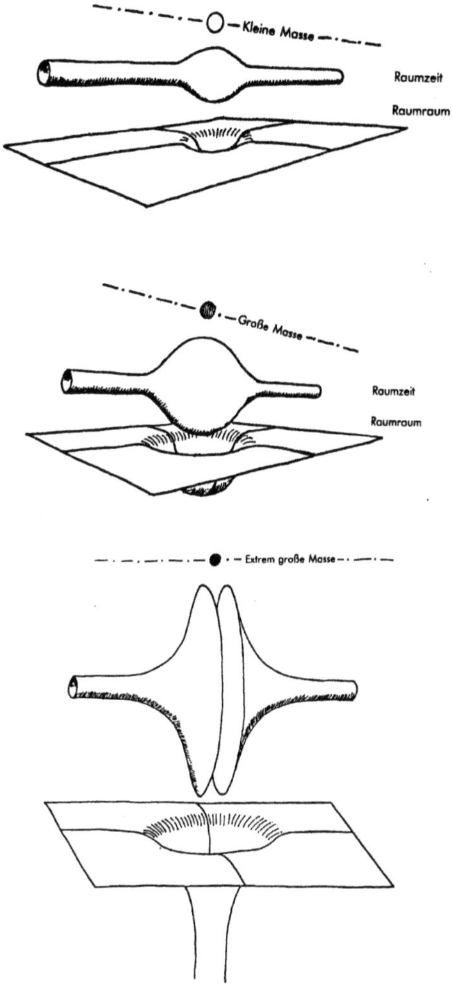

Grenze erreicht und überschritten. Und wenn wir unsere Computergrafik ansehen, können wir verstehen, was wir eigentlich überschritten haben. Auf dem Bildschirm breitet sich nach wie vor unsere Landschaft aus. Nach wie vor strömt Zeit als Nebel in eine Vertiefung. Nach wie vor kehrt kein Nebel, kehrt keine Zeit aus ihr zurück. Damit liegt auf der Hand, was wir überschritten haben. Wir haben den Zeitanteil aufgelöst. Wir haben den Raumanteil so groß gemacht, daß es keinen Zeitanteil mehr gibt. Also haben wir den RaumZeit-Quotienten überschritten. Also haben wir die Grenze überschritten, die kein anderer als Einstein selbst seiner allgemeinen Relativitätstheorie gezogen hat.

Ich will zu erklären versuchen, wie das geschehen konnte. Um den Raumanteil des RaumZeit-Quotienten zu vergrößern, vergrößern wir die Oberfläche der RaumZeit. Wir haben uns vorgestellt, daß dies durch Beulen und Senken in der Oberfläche geschieht. Was geschah mit dem Zeitanteil? Wie verhielt er sich, um dieser Vergrößerung des Raumanteils zu entsprechen? Wir haben gesagt, daß die Zeit die entstehenden Senken und Beulen bedecken muß. Um im Bild zu bleiben, haben wir uns das als eine Art Verdünnung des Zeitanteils vorgestellt. Der vergrößerte Raum zehrt so die Zeit auf. Das kann man auch anders darstellen und sagen, daß wir die Zeit, damit sie dem vergrößerten Raumanteil entspricht, beschleunigen mußten. Wir mußten dafür sorgen, daß *mehr* Zeit in einer bestimmten Zeitspanne vergeht. Wie wir erst die Oberfläche der RaumZeit gedehnt haben, um den Raumanteil zu erhöhen, beschleunigen wir nun den Lauf der Zeit. So vergeht immer mehr Zeit, so hält die Zeit einem wachsenden Raumanteil die Waage. Allerdings ist es gar nicht so einfach, die Zeit zu beschleunigen. Jeder weiß das, der schon einmal sehnlichst darauf gewartet hat, daß die Zeit, die vor ihm liegt, schneller vergeht. Und was noch schlimmer ist: selbst wenn es uns gelänge, die Zeit zu beschleunigen, würde sie nicht schneller vergehen! Denn je schneller sie sich bewegt, desto langsamer verstreicht für den die Zeit, der sie sich bewegen sah. Zeit, die sich bewegt, bewegt sich auch im Raum. Zeit, die sich bewegt, gibt Anteile ihrer Zeit an den Raum ab. Das ist der Grund, warum eine beschleunigte Zeit, zum Anwachsen des Raumenteils im RaumZeit-Quotienten paßt. Eine beschleunigte Zeit läßt nicht den Zeit-, sondern den Raumanteil des RaumZeit-Quotienten wachsen. Deshalb verschwindet die Zeit, mag sie auch noch so schnell wachsen, letztlich in jener Senke, die wir hervorgerufen haben. Warum, um erneut die Bilder zu wechseln, ein wachsender Raumanteil den Zeitanteil verdünnt und verzehrt. Weil nur eine Zeit, die sich nicht bewegt, eine Zeit ist, die schnellstmöglich vergeht, hat die Zeit keine Chance, ihr Tempo durch Beschleunigung zu steigern. Das aber müßte sie, um einer unaufhörlich tiefer werdenden Raumbeule zu entgehen.

Natürlich kann man einwenden, daß ich, um diesen »Stillstand« der Zeit zu erklären, relativistische Effekte ausgenutzt habe. Wenn man Zeit bis auf Lichtgeschwindigkeit beschleunigt, steht sie still. Und weil diese Lichtgeschwindigkeit eine endliche Größe ist, kann Zeit nicht unendlich schnell werden, ohne vorher anzuhalten. Soweit so gut. Doch was heißt das für den Raum? Muß man nicht auch den Raumanteil des RaumZeit-Quotienten relativistisch interpretieren? Wie komme ich dazu, den Zeitanteil beschleunigt, den Raumanteil jedoch ganz anders zu denken? Schließlich nehme ich an, daß sich der Raum ausdehnt. Und wenn sich etwas ausdehnt, dann bewegt es sich auch. Also ist es nötig, die relativistischen Effekte der speziellen Relativitätstheorie auch auf die Oberflächendehnung des Raumes anzuwenden. Ich tue das jetzt.

Kehren wir zum Bildschirm zurück. Der Raum expandiert und bildet die schon hinlänglich beschriebenen Senken und Beulen. Was geschieht mit einem Raum, der sich in dieser Weise bewegt? Die Antwort haben wir schon gehört. Ein sich bewagender Raum schrumpft. Und das tut auch unser Raum. Wieso? Auch unser Raum schrumpft, weil er jene Senke ausbildet, die irgendwann die Zeit einfängt. Warum ist diese Senke eine Schrumpfung? Sie ist eine Schrumpfung, weil sich in ihr der Raum konzentriert. Ein konzentrierter Raum, das ist ein Raum, der sich in der Weise bewegt, wie es von der speziellen Relativitätstheorie vorausgesagt wird.

Was geschieht mit einem solchen Raum? Ein solcher Raum nimmt an Masse zu. Relativistisch betrachtet steckt in der Raumbeule, die die Zeit anhält, ein ungeheuer konzentrierter, ein unendlich dicht gepackter Raum. Ein vielleicht nur noch punktförmiger Raum, der alles in sich reißt und den nichts mehr verläßt. So gesehen läßt sich in der Nähe unserer Raumbeule nicht nur der Zeitanteil des RaumZeit-Quotienten auf. Schließlich ist ein Punkt kein Raum. Der massereiche Punkt und die stillstehende Zeit damit läßt sich die Überschreitung jener Grenze zusammenfassen, die Einstein um seine RaumZeit zog. Hier bricht sie auf. Das bedeutet, daß die Raumbeule, die wir erzeugt haben, für eine Expansion der RaumZeit selber steht. Diese Expansion geht über sie und den sie definierenden RaumZeit-Quotienten hinaus. Auf diese Weise wird die Raumbeule zu einem Sinnbild dafür, was jenseits des RaumZeitKontinuums liegt. Auf diese Weise wird die Raumbeule aber auch zum Sinnbild dafür, daß das RaumZeit-Kontinuum wachsen, daß es sich ausdehnen kann, Nein, der RaumZeit-Quotient war nicht das Ende, die Grenze der RaumZeit. Die RaumZeit reicht weiter, sie hört hier nicht auf. Sie kann größer werden, sie kann weiter wachsen. Sie kann sich, mit einem Wort, verstärken. Nun wird man sich natürlich fragen, was das alles bedeuten soll? Was verbirgt sich hinter einem RaumZeit-Quotienten, den wir einmal nach seinen Raumanteilen und dann nach seinen Zeitanteilen aufgelöst haben? Verbirgt sich überhaupt etwas dahinter? Um auf diese Fragen zu antworten, verfügen wir über ein paar Andeutungen. Diese Andeutungen lassen sich vielleicht so zusammenfassen. Wenn wir den RaumZeit-Quotienten Einsteins nach der Zeit auflösen, verschwindet der Raum, während im umgekehrten Fall die Zeit verschwindet. Einstein selbst hat solche Auflösungen nicht vorgesehen. Das ist der Grund, warum ich die Meinung vertrete, daß sie über sein RaumZeit-Kontinuum hinausgehen und eine *Selbst*verstärkung seiner Theorie darstellen.

Fragen wir jetzt erneut, was sich hinter dieser Überschreitung verbirgt. Die Antwort könnte lauten: eine Bewegung nur durch den Raum (Verschwinden des Zeitanteils) oder eine Bewegung nur durch die Zeit (Verschwinden des Raumanteils). Nun leuchtet es unmittelbar ein, daß uns eine solche Antwort auch nicht weiter bringt. Jedenfalls nicht auf den ersten Blick. Was soll das sein eine Bewegung, die nur im Raum bzw. nur in der Zeit abläuft? Kann es so etwas geben? Kann man sich so etwas vorstellen?

Man kann. Und wenn man das kann, kann man nicht weniger, als der Relativitätstheorie in *ihre* Selbstverstärkung folgen. Denn das ist es, was jenseits des RaumZeit-Quotienten geschieht. Jenseits des RaumZeit-Quotienten überschreitet die Relativitätstheorie die Grenzen, die ihr Einstein gesetzt hat. Jenseits des RaumZeit-Quotienten geht sie über sich hinaus, seits des RaumZeit-Quotienten verstärkt sich die Relativitätstheorie. Das bedeutet, daß hier und jetzt auch das "Eigenleben" dieser Theorie beginnt. Machen wir uns also auf Überraschungen gefaßt! Schließlich werden Theorien, die *sich selbst* verstärken, fremd und, wenigstens für uns und unser Begriffsvermögen bizarr.

Kehren wir zu jenen seltsamen Bewegungskonzepten zurück, die aus den diversen Auflösungen des RaumZeit-Quotienten folgen. Eine Bewegung nur in der Zeit, eine Bewegung nur im Raum was kann das sein? Um darauf zu antworten, möchte ich eine Geschichte erzählen. Diese Geschichte berichtet vom Leben eines Sterns, sie berichtet von seinem Leben und seinem Tod, sie berichtet von seinem Tod und dem, was darauf folgt. Die Geschichte, die ich erzählen möchte, lebt von großen Dimensionen. Schon dadurch ist sie uns eigenartig fremd. Jahrmillionen vergehen in ihr wie Sommertage bei uns. Doch ist das nicht der einzige Grund, warum sie uns fremd und fern erscheint. In ihr tauchen auch ungeheure Größenordnungen auf. In ihr gibt es Materieteilchen, vielleicht nicht einmal fingerhutgroß, die mehr als Häuser wiegen. Doch ich will erzählen und nicht weiter vorwegnehmen, was es zu berichten gibt. Stellen wir uns eine Sonne vor. Irgendeine. Vielleicht diese hier. Sie besitzt etwa die zehnfache Masse unserer Sonne. Und sie ist auch älter. Nehmen wir an, daß sie eine Milliarde Jahre alt ist. In dieser Zeit hat diese Sonne getan, was alle Sonnen tun. Sie hat Wasserstoff zu Helium verbrannt und geleuchtet. Damit ist jetzt Schluß. Warum? Weil auch bei einer solchen Sonne irgendwann die Vorräte erschöpft sind und es nichts mehr oder nur noch wenig zu verbrennen gibt. Also geht die Sonne aus. Das tut sie jedoch nicht, ohne sich vorher zu verabschieden . Und es scheint, daß eine Sonne, ganz wie es zu ihrer blendenden Art paßt, einen spektakulären Abgang wählt. Sie verschwindet nicht einfach sie explodiert. Eine Sonne, die einen gewissen Prozentsatz ihrer Energievorräte verbraucht hat, bricht aufleuchtend, aufblühend auseinander. So etwas nennt man Nova, in besonders hervorragenden Fällen auch Super Nova. Eine Nova oder eine Super Nova, das ist das vorläufige Ende meiner Geschichte. Ich glaube nicht, daß es übertrieben wäre, diese Geschichte mit einer Reise zu vergleichen. Wir sind einer Sonne gefolgt, haben sie altern und schließlich sterben sehen. Von welcher Art also war die Reise? Nun, die Reise, mit der man meine Geschichte vergleichen kann, war eine Zeitreise. In und mit ihr haben wir uns durch Jahrmillionen, ja Milliarden von Jahren bewegt. Haben wir dabei vom Raum gesprochen? Nein. Der Raum kam in meiner Geschichte nicht vor. Es ist nahezu gleichgültig, *wo* sich die Sonne befindet, während sie ihre Vorräte langsam aber sicher verbraucht. Es ist auch egal, an welcher Stelle des Himmels sie schließlich zerplatzt. Unsere Geschichte dreht sich einzig uns allein um Zeitfragen. Wann ist der Brennstoff einer Sonne zur Hälfte verbraucht? Wann wird sie zur Nova? Und weil meine Geschichte so eindeutig in eine ganz bestimmte Richtung orientiert ist, bin ich auf die Idee gekommen, mit ihr eine der beiden Möglichkeiten zur Auflösung des RaumZeit-Quotienten zu illustrieren. Es liegt auf der Hand, welche das ist. Daß ich dabei nicht der erste gewesen bin; werden wir sehen. Den Raum-Zeit-Quotientan nach der Zeit hin aufzulösen, bedeutet, daß sein Raumanteil kleiner wird und dann verschwindet. Wie so etwas vor sich gehen kann, haben wir uns durch einen relativistischen Effekt erklärt. Bei zunehmender Eigengeschwindigkeit dehnt sich der Raum nicht weiter aus, sondern schrumpft. Soweit zur Relativitätstheorie. Jetzt zurück zu unserer Geschichte. Wenn sie tatsächlich die Auflösung des RaumZeit-Quotienten nach der Zeit darstellen soll, muß in ihr auch von der Schrumpfung des Raumes die Rede sein. Fragen wir uns zunächst einmal, um welchen Raum es gehen soll. Da wir wissen, worauf sich die Zeit bezieht, fällt uns die Antwort nicht schwer. Weil der, wenn man so sagen kann, Zeitanteil meiner Geschichte die Sonne und deren Alterungsprozeß betrifft, betrifft ihr Raumanteil die Sonne und deren räumliche Existenz. Wenn das so ist, stehen wir allerdings vor einem Problem. Die räumliche Existenz der Sonne vermindert sich doch gar nicht! Ganz im Gegenteil, sie dehnt sich aus und explodiert. Um hier weiterzukommen, müssen wir uns näher damit beschäftigen, wie eine Sonne funktioniert.

Eine Sonne entsteht, inGem eine große Gasmenge als Folge ihrer eigenen Gravitation in sich zusammenstürzt. Eine Sonne entsteht durch Kontraktion. Das aber ist nur eine Seite. Denn während dieser Kontraktion ereignen sich Zusammenstöße. Die Materie, die mit großem Tempo ineinanderstürzt, kollidiert auch. Dabei entstehen Wärme und Licht. Kontraktion und Kollision, das sind die beiden Komponenten, aus denen eine Sonne besteht. Und damit diese Sonne auch am Himmel bleibt, damit sie leuchten kann, müssen diese beiden Komponenten gleich verteilt sein. Anders gesagt, sie müssen sich die Waage halten. Eine Sonne, das ist ein höchst labiles Gleichgewicht. Auf der einen Seite gleichen die vielen Explosionen, die aus den Kollisionen der Sonnenmasse entstehen, deren Gravitation aus. Auf der anderen Seite hält die Gravitation die bei diesen Kollisionen auseinanderfliegenden Teile beisammen.

Wenden wir uns nun noch einmal jenem Augenblick zu, an dem eine Sonne nahezu die Hälfte ihres Energievorrats verbraucht hat. Wie stellt er sich jetzt dar? Je weniger Sonnenmasse noch vorhanden ist, desto geringer ist ihre Gravitation. Waoraus unmittelbar folgt, daß deshalb die Komponente in ihr überwiegt, die sie auseinandertreibt. Wieder schrumpft die Sonne nicht, sondern explodiert! Was geschieht, sobald sich der Energievorrat der Sonne erschöpft? Sie kühlt sich ab, wird kälter. Diese Abkühlung bewirkt, daß die Zahl der Kollisionen in ihr abnimmt. So gesehen kann die Abnahme der Energiereserven der Sonne auch bedeuten, daß ihre Gravitationskraft wächst! Das aber ist ein Gedanke, der die Explosion der Sonne, die Super Nova, in einem völlig neuen Licht erscheinen läßt.

In einer Explosion wirft die Sonne ihre Masse ab! Dadurch entgeht sie einem Gravitationskollaps. Um nicht zu schwer zu werden. Die Nova ist der Versuch der Sonne, ihr Gleichgewicht zwischen Abstoßung und Anziehung auch dann noch zu halten, wenn die Gravitationskraft die Kraft der kollisionnen in ihr übersteigt. Doch während der Stern gewissermaßen seine Hülle abstreift, baut sich im Zentrum ein äußerst dichter metallischer Kern auf. Als Folge sackt eine Sonne, indem sie explodiert in Wirklichkeit zusammen. So wird sie trotz Nova und Explosion unvorstellbar komprimiert.

Als Folge meiner *Reise durch die Zeit*, verdichtet sich der Raum, schrumpft er in sich zusammen. Dieser Vorgang hat einen Namen. Die Sonne, die sich während ihrer Explosion zu extremster Dichte kontrahiert, diese Sonne wird ein *schwarzes Loch*. Und um dem die Ehre zu erweisen, der sich als erster diese Geschichte ausgedacht hat, möchte ich auf Karl Schwarzschild verweisen, der schon 1927 argwöhnte, daß hinter den Gleichungen der Relativitätstheorie ein solches schwarzes Loch lauert. Selbstverständlich war er nicht der einzige, der über diesen Zusammenhang nachgedacht hat. Auch Chandrasekhar hat es getan. Auch der indische Physiker leitete kollabierende Sonnen aus relativistischen Grundannahmen ab. Aber es gibt noch ganz andere Verbindungen zwischen Einsteins Relativitätstheorie und jenen schwarzen Löchern, zu denen Sterne am Ende ihrer Reise durch die Zeit geschrumpft sind. Eine dieser Verbindungen ist für mich besonders interessant, weil sie die Behauptung belegt, daß die Selbstverstärkung einer selbstorganisierten Theorie untrennbar mit ihrer Selbst*isolation* verbunden ist.

Selbstorganisierte Theorien modifizieren ihre Gegenstände, Deshalb heißen sie so. Selbstorganisierte Theorien stehen in besonderer Beweisnot. Das folgt aus dieser Modifikation. Wie kann man eine Modifikation beweisen? Indem man zeigt, daß es sie wirklich gibt. Diese Beglaubigung, die eine selbstorganisierte Theorie leisten muß, bildet den Kern für meine Idee von ihrer Selbstverstärkung. Diese Idee ist eigentlich ganz einfach. Man könnte sie folgendermaßen zusammenfassen: Weil es die Zutaten und kleinen Abänderungen sind, die eine Theorie ihren Objekten zufügt, um selbstorganisiert zu werden, macht es für eine solche Theorie wenig Sinn, nach diesen Gegenständen *selbst* zu fragen. Sie fragt nach ihrer Modifikation. Die Modifikation von Gegenständen, das ist es, was eine selbstorganisierte Theorie am meisten interessiert. Wonach fragt sie also? Sie fragt nach sich selbst. Sie ist es ja, die diese Veränderungen herbeiführt und nun zu legitimieren hat. So kommt es, daß selbstorganisierte Theorien in ganz besonderem Maße an ihrer eigenen Beglaubigung arbeiten. Das meine ich, wenn ich von ihrer Selbstverstärkung rede.

Das ist die Ausgangslage. Wie komme ich von hier zu jener anderen Überlegung, die diese Selbstverstärkung als Isolationsbawegung versteht? Theorien, deren Beweisgänge ihren eigenen Vorgaben gelten, entfernen sich immer weiter von ihrem Ausgangspunkt. Das ist keine Kritik. Das ist ihre innere Logik. Denn was wird von einer selbstorganisierten Theorie verstärkt? Die Antwort lautet: die *Zutat*, die diese Theorie ihren Objekten beifügt, um sie nicht abzubilden, sondern zu verändern. Also verstärkt eine selbstorganisierte Theorie die Modifikation, der sie einen Gegenstand unterwirft. Das ist der Gedanke, der von der Selbstverstärkung zur Selbstisolation solcher Theorien führt. Sie verstärken gerade das, was nicht dem Gegenstandsbereich entstammt, den sie behandeln. Sie verstärken das, was sie und ihre Theoriestruktur von diesem Gegenstandsbereich verschieden macht.

Was könnte das sein? Auf diese Frage gibt es viele Antworten. Allgemein wird man jedoch sagen können, daß das, was bei der Selbstverstärkung einer selbstorganisierten Theorie herauskommt, eben nicht von unserer Welt ist. Es ist eigen. Es ist fremd. Oft ist es bizarr, oft ist es sogar absurd. Und manchmal, ja manchmal ist es: ein schwarzes Loch.

Daß man ein schwarzes Loch als Selbstverstärkung der Relativitätstheorie interpretieren kann, habe ich zu zeigen versucht. Nun möchte ich deutlich machen, daß es auch für ihre Selbstisolation steht. Meine Überlegung geht auf eine Idee Robert Oppenheimers zurück, die um den beschriebenen Gravitationskollaps kreist. Oppenheimer behauptet, daß wir ein schwarzes Loch, egal, was es auch immer sein mag, niemals sehen werden. Oppenheimer behauptet, daß sich ein schwarzes Loch unseren Beobachtungen entzieht. Daß es sich, mit einem Wort, isoliert. Wie das? Nun, wie ich schon andeutete, folgt diese Überlegung Oppenheimers aus einer weiteren Anwendung der Relativitätstheorie. Diese Anwendung bezieht sich auf das Licht und sein Verhalten in einem extrem gekrümmten Raum. Ein solcher Raum »verschluckt« das Licht. Er ist so sehr gekrümmt, daß kein Lichtstrahl ihn verlassen kann. Und weil wir wissen, daß schwarze Löcher mit ihren unvorstellbar komprimierten Massen genau solche Räume erzeugen, bedeutet das, daß sie niemals zu sehen sind. Denn da nach der Relativitätstheorie nichts schneller als das Licht sein kann, kann kein Ereignis, kein Zeichen, kein Signal jemals den Einflußbereich eines schwarzen Lochs verlassen. So etwas nennt man einen »Ereignishorizont«. Hinter ihm liegt das schwarze Loch. Hinter ihm gibt es einen Bereich unseres Universums, der sich abgekapselt hat. Nichts entkommt ihm, er ist vollkommen separiert. Diese Abkapselung des schwargen Loches ist es, was ich mit der Selbstisolation selbstorganisierter Theorien gemeint habe, die von ihrer Selbstverstärkung nicht zu trennen ist.

Weil die Relativitätstheorie im schwarzen Loch ihr RaumZeit-Kontinuum überschreitet, erweitert und verstärkt sie sich mit dieser Vorstellung. Weil das schwarze Loch von unserer Welt und unseren Wahrnehmungen so radikal getrennt ist wie vormals Bohrs Mikrokosmos vom Makrokosmos, verstärkt und isoliert sie sich zugleich.

Gibt es schwarze Löcher? Keiner weiß es. Gibt es schwarze Löcher am Ende des Lebens eines Sterns? Auch das weiß niemand mit Gewißheit zu sagen. Was ich jedoch zu wissen glaube, ist, daß es schwarze Löcher am Ende des Lebens ganz bestimmter Theorien gibt. Sie folgen nicht aus der Logik jener Welt, die uns umgibt, deshalb sind sie so fremd. Sie folgen einer ganz anderen Logik, deshalb sind sie so bizarr. Schwarze Löcher folgen aus der Logik einer sich selbstverstärkenden und deshalb selbstisolierenden Theorie, deshalb sind sie so absurd.

Die Selbstverstärkung der Relativitätstheorie ist nicht nur durch schwarze Löcher illustrierbar. Sie hat noch andere Bilder und Phantasien hervorgebracht. Zu ihnen führen neue Geschichten. Um die Geschichte, die ich jetzt erzählen möchte, beginnen zu können, müssen wir uns mit einem bemerkenswerten Effekt vertraut machen: dem Doppler-Effekt. Jeder von uns kennt ihn. Wir brauchen bloß an den Lärm zu denken, den ein motorgetriebenes Fahrzeug verursacht. Dieser Lärm variiert nämlich. Ein Motorengeräusch hört sich höher an, solange sich das Fahrzeug, das ihn erzeugt, auf uns zu bewegt. Abrupt sinkt dieses Geräusch, sobald es uns passiert und sich entfernt. Das ist der Doppler-Effekt. Er bezieht sich auf die Schwingungen, die eine Lärmquelle abgibt. Das will ich verdeutlichen. Wir stellen uns ein weiteres Fahrzeug vor. Es steht. Trotzdem läuft sein Motor. Gleichmäßig sondert er Geräusche ab. Diese Geräusche schlagen wellenförmig an unser Ohr. Jetzt startet der Wagen und bewegt sich auf uns zu. Da sich die Geräusche, die er macht, wellenförmig ausbreiten, fährt er ihnen nach. Jedenfalls solange der Wagen nicht die Schallgeschwindigkeit erreicht. Und obwohl ein Auto diese Schallgeschwindigkeit bei weitem nicht erreicht, erhöht es doch die Schwingungsdichte seines eigenen Lärms, indem es sich bewegt, Wenn wir bedenken, daß ein solcher Lärm aus Wellen, und diese aus Kämmen und Tälern bestehen, ist das nicht schwer zu verstehen. Während eine sich auf uns zubewegende Geräuschquelle einen Wellenkamm aussendet, hat sie sich schon sich schon ein kleines Stück weiterbewegt und kann folglich den nächsten Wellenkamm so aussenden, daß sich der Abstand zwischen ihnen verkürzt. Das hat zur Folge, daß die Wellenkämme in schnellerer Folge unser Ohr treffen. Diese verkürzte Folge von Schwingungen bewirkt, daß uns die Geräusche eines Fahrzeugs, das auf uns zufährt, höher erscheinen. Genau umgekehrt verhält es sich, sobald sich das Fahrzeug von uns fortbewegt. Die Wellenkämme liegen immer weiter auseinander und erreichen unser Ohr in längeren Abständen. Jetzt hört sich der Motorenlärm viel tiefer an. Irgendwann sinkt er unter den uns vernehmlichen Pegel und verstummt. Diese Beziehung zwischen Wellenfrequenz und Bewegungsrichtung einar Lärmquelle beschreibt der Doppler-Effekt. Und weil man ihn auf Wellen aller Art beziehen kann, spielt er in der Geschichte, die ich nun erzählen will, eine wichtige Rolle.

Diese Geschichte handelt vom Universum, davon, was wir von ihm wissen. Oder zu wissen glauben. Wo kommt es her, unser Wissen vom Kosmos? Es kommt von den Sternen. Seit unvordenklichen Zeiten machen wir Menschen uns durch die Sterne, die wir nachts am Himmel sehen, ein Bild von der Welt, die uns umgibt. Ob wir dabei an jenes halbkugelförmige Glas denken, dessen schwarze Wand an manchen Stellen undicht ist, oder an die Milliarden Milchstraßen, die unsere modernen Teleskope entdecken; stets ist es dabei das Licht der Sterne, das unsere Vorstellungen leitet. Auch dieses Licht hat Wellennatur. Auch auf dieses Licht ist der Doppler-Effekt anwendbar. Natürlich macht sich der Doppler-Effekt bei Lichtstrahlen nicht als Lärm bemerkbar. Er bezieht sich vielmehr auf deren Farbe. Licht kann man zerlegen. Was dabei herauskommt, ist als Regenbogen bekannt. Dieses Spektrum des Lichts verhält sich ähnlich wie die Geräusche einer Lärmquelle. Wir können uns das dadurch erklären, daß auch bei einer Lichtquelle, die sich auf uns zubewegt, die Wellenkämme in verkürzten Abständen einlaufen.

Umgekehrt werden die Wellenkämme immer seltener auf unsere Meßapparaturen treffen, sobald sich die Lichtquelle von uns entfernt, Bei Schallwellen entscheidet die Frequenz, die so entsteht, über die Höhe des Tons, den man hört. Bei Lichtwellen entscheidet sie über deren Spektrum. Das Licht einer Lichtquelle, die auf uns zuläuft, ist blauverschoben. Das Licht einer LichtquelLe, die sich von uns fortbewegt, hingegen rotverschoben. Und meine Geschichte beginnt, als Astronomen in den 20er Jahren anfingen, die Spektren von Sternen anderer Galaxien zu untersuchen. Alle diese Spektren waren rotverschoben. Alle diese Sterne bewegan sich von uns fort! Diese Entdeckung hat das Bild, das wir uns im 20. Jahrhundert vom Kosmos machen, nachdrücklich beeinflußt. Seit dieser Entdeckung vergleichen wir es mit einem Luftballon, dem in regelmäßigen Abständen Punkte aufgemalt sind. Die Punkte sind die Galiaxien. Dieser Luftballon, das ist das All. Und weil wir erkannt haben, daß alle Milchstraßen sich von uns fort bewegen, nehmen wir an, daß dieser Luftballon aufgeblasen wird. Zu dieser Annahme kommen wir, weil wir modern sind. Wären wir das nicht, hätten wir aus der Rotverschiebung des Lichts ferner Sterne eher geschlossen, daß wir der Mittelpunkt des Universums sind. Auf dem Luftballon entfernen sich alle aufgemalten Punkte jedoch so voneinander, daß keiner einen Mittelpunkt bildet. Weil wir modern sind, und weil das Licht ferner Sterne rotverschoben ist, denken wir uns deshalb, daß sich das Weltall nach allen Seiten gleichmäßig ausdehnt. Damit befinden wir uns schon mitten in der Geschichte. Denn was sich ausdehnt, bewegt sich. Was sich ausdehnt, kann man auf seinem Weg zurückverfolgen. Was sich ausdehnt, dessen Weg kann man prognostizieren. Ganz bewußt habe ich versucht, die Geschichte eher räumlich als zeitlich anzulegen, denn auch dieses Mal läßt sie sich als Reise auffassen. Diese Reise hängt davon ab, wie, woher und wohin sich das Universum bewegt. Zieht es sich rhythmisch zusammen? Expandiert es endlos? Stößt es an einen Rand? Wie klein ist es einmal gewesen? Wie groß kann es werden? Das sind die Fragen, die während meiner neuen Geschichte, meiner Reise entstehen. Aber sind Reisen, die man zurückverfolgt, oder deren weiteren Verlauf man prognostiziert, nicht auch Reisen durch die Zeit? Noch einmal hilft uns eine Rückbesinnung auf die relativistischen Effekte, die wir bei der Überschreitung des RaumZeit-Kontinuums entdecken konnten. Wenn es stimmt, daß sich meine Geschichte vom Luftballon-Universum nur im Raum anspielt, was muß dann mit dem Zeitanteil des RaumZeit-

Quotienten geschehen? Die Antwort ist einfach und lautet: Er muß verschwinden. Ich stelle also die nächste Frage: Wie verschwindet der Zaitanteil des RaumZeit-Quotienten? Die Antwort führt uns zum gewünschten relativistischen Effekt. Der Zeitanteil des Raum-Zeit-Quotienten kann verschwinden, weil die Zeit in einem bewegten System langsamer vergeht. Das führt unmittelbar zur Geschichte zurück. Schließlich gibt es in ihr bewegte Systeme. Diese Systeme sind die auf den Ballon gemalten Punkte, die sich voneinander fortbewegen, diese Systeme sind die Galaxien. Und wenn wir jetzt noch daran denken, daß es Galaxien gibt, die sich nahezu mit Lichtgeschwindigkeit von unserer Milchstraße entfernen, heißt das, daß (in bezug auf uns) auf ihnen seit dem Augenblick ihres Entstehens keine Zeit vergangen ist. So macht sich der relativistische Effekt, der die Dilatation der Zeit betrifft, im Kosmos bemerkbar. Die Galaxien, die uns umgeben, stammen (natürlich immer nur, was uns betrifft) aus der Vergangenheit, sie sind zeitlos, sie sind ohne Zeit. Das habe ich gemeint, als ich sagte, daß sich jene Geschichte, die von einem expandierenden Universum erzählt, nur im Raum, nicht aber in der Zeit abspielt.

Man kann das beweisen. Penzias, Wilson, Dicke und Peebles haben es 1965 getan. Sie sind dabei durchaus getrennt vorgegangen, um nicht zu sagen, ohne Kenntnis voneinander. Dicke und Peebles stellten die richtige Frage. Penzias und Wilson beantworteten sie. Zunächst zur Frage.

Nach dem, was ich erzählt habe, kann sie eigentlich nur folgendermaßen lauten: Wenn es stimmt, daß aufgrund der Zeitdilatation in schnell bewegten Systemen (relativ zu uns) seit Beginn des Universums keine Zeit vergangen ist, muß uns dieser Beginn doch noch sehr nahe sein. Wo also ist er? Dicke und Peebles hatten eine gewisse Vorstellung davon, wie sie ihre Frage beantworten könnten. Weil das Licht, das noch aus den Anfängen des Universums stammt, nur von Galaxien ausgesandt werden kann, die sich mit nahezu Lichtgeschwindigkeit von uns fortbewegen, muß es so stark rotverschoben sein, daß es als Mikrowellenstrahlung bei uns eintrifft. Diese Strahlung wollten sie suchen. Sie war aber schon gefunden. Sie war von Penzias und Wilson entdeckt worden. Nur daß Penzias und Wilson gar nicht wußten, was sie da gefunden hatten. Sie hatten lediglich Mikrowellendedektoren gestestet und dabei festgestellt, daß sich ein ganz bestimmtes Störgeräusch nicht eleminieren ließ. Dieses Geräusch kam aus keiner bestimmten Richtung. Es ließ sich weder orten noch beseitigen. Irgendwann stand fest, daß es weder innerhalb unserer Atmosphäre und auch nicht innerhalb unserer Milchstraße entstand. Vielmehr hat diese Strahlung den größten Teil des von uns beobachtbaren Universums durchquert und stammt also von Sternen, die sehr weit von uns entfernt sind. Da aber die Geschwindigkeit, mit der sich Galaxien von uns fortbewegen in dem Maße zunimmt, wie ihre Distanz zu uns steigt, stammt die Mikrowellenstrahlung, die Penzias und Wilson aufspürten, von Sternen, auf denen (in bezug auf uns) seit Anbeginn des Universums fast keine Zeit vergangen ist. Penzias und Wilsons Strahlung ist folglich genau die Strahlung, die Dicke und Peebles suchten. Das ist der Grund, warum sie jene seltsame Qualität aufweist, die Penzias und Peebles so verwirrte. Sie ist überall im Raum verteilt. Sie stammt vom Anbeginn der Zeit. Sie ist zeitlos.

Nun zur Logik. Ich habe dargelegt, daß einseitige Auflösungen des RaumZeit-Quotienten eine Selbstverstärkung der Einsteinschen Relativitätstheorie bedeuten. Hier geht sie über sich hinaus, hier expandiert die Theorie. Nun glaube ich, daß es wohl kaum eine beeindruckendere Bebilderung dieser Ansicht gibt als das, was aus der diesmaligen Auflösung des RaumZeit-Quotienten folgt. Was nämlich folgt aus dieser Auflösung? Was folgt aus der allgemein akzeptierten Expansionsbewegung des Universums? Nun, daß all das, was sich da bewegt, all das, was da auseinanderfliegt, einmal dichter, ja, ganz dicht beisammen war. Daß es konzentriert war, kompakt und winzig klein. Aus der Expansionsbewegung des Universums folgt, daß es einen Anfangspunkt gegeben haben muß. Dieser Anfangspunkt hat einen Namen: Urknall. Mit dem Urknall fängt die Ausdehnung unseres Weltalls an. Was ist ein Urknall? Ich habe keine Ahnung. Was ich aber weiß, ist, daß es vor einem Urknall nichts gegeben haben kann. Daß ein Urknall keine Geschichte hat. Daß er aus dem Nichts entsteht. Was ich weiß, ist, daß ein Urknall dem gleichkommt, was ich Selbstorganisation nenne. Das ist der Grund, warum man auch die Expansionsbewegung des Universums als Selbstverstärkung einer selbstorganisierten Theorie verstehen kann. Sie begründet das ganze Universum, den gesamten Kosmos als selbstorganisiertes System. Zur Annahme einer Selbstverstärkung selbstorganisierter Theorien gehört aber noch etwas anderes, und zwar die Annahme, daß solche Selbstverstärkungsbewegungen stets isolierend wirken. Und so ist es auch hier. Die Theorie vom Urknall, jene großartige Apotheose selbstorganisierten Denkens, spaltet unser All in dem Maße, wie sie es selbstorganisiert begreift, von allem ab, was es umgibt. Ich glaube schon, daß Einstein das gewußt hat. Nicht umsonst hat er sich lange der Annahme einer Expansion des Universums verschlossen und lieber eine kosmologische Konstante beschworen, die sie zum Stillstand bringt.

Es stimmt, wenn man sagt, daß wir keine Aussagen über das machen können, was es vor dem Urknall gab. Es stimmt, wenn man sagt, daß hier unsere Voraussagefähigkeit endet. Sie endet, weil das, was wir begreifen wollen, was wir hier denken wollen, eine Selbstorganisation par excellence ist, eine, wenn man so sagen kann, Selbstorganisation an sich. Sie ist so stark, wie sie nicht stärker sein könnte. Sie umfaßt das ganze All. Und sie ist so klein, wie sie nicht kleiner sein könnte. Denn sie trennt dieses All mitsamt uns Menschen von allem ab. Sie stürzt uns in ein Nichts, das nicht leerer und wüster sein könnte. Sie macht uns einsam. Sie läßt uns ganz allein zurück. Mehr noch: vielleicht hindert sie uns auch, da draußen das zu erkennen, was es sonst noch gibt. Neben unserem Kosmos, da, wo keiner mehr zu antworten weiß, wo wir alle ratlos werden, ratlos und stumm. Das selbstorganisierte Universum ist ein einsames Universum. Diese Einsamkeit mag unser Schicksal sein. Diese Einsamkeit ist aber vielleicht auch nur der Effekt eines ebenso einsamen Denkens. Eines Denkens, das sich in sich selbst verstrickt hat, und diese Selbstverstrickung nun für all das, was es umgibt, halluziniert.

Denn ist es nicht ein Trost, daß jener Ballon, der sich da im Leeren bläht und Kosmos heißt, vielleicht nur einem Theoriezwang folgt und nichts, aber auch gar nichts mit dem zu tun haben muß, was wir die Wirklichkeit nennen? Wie der Mikrokosmos, den Bohr ersann, nicht zur Insel werden durfte, sondern sich mit aller Kraft zum Antipoden unserer Wirklichkeit aufspielte und sie schließlich gar noch dominierte, darf auch das Universum nur deshalb kein kleiner Teil von anderen Teilen sein, weil es von einer selbstorganisierten Theorie gedacht wird. Selbstorganisierte Systeme verstärken sich. Das ist ihr Systemzwang. Selbstverstärkte Systeme dulden nichts neben sich. Das ist ihre kriegerische Komponente. Selbstverstärkte Systeme sind deshalb aber auch einsam und allein. Das zu erkennen, heißt die Beschränkung in all den großangelegten Konzepten zu erkennen, die den Mirkro- und Makrokosmos beherrschen. Das zu erkennen, ist vielleicht auch eine kopernikanische Wende.